RECHERCHES

SUR

LES SUBSTANCES NUTRITIVES QUE RENFERMENT

LES OS.

Cet ouvrage se vend 5 francs au profit des Ouvriers
de la Monnaie royale des Médailles.

IMPRIMERIE

DE MADAME HUZARD (NÉE VALLAT LA CHAPELLE),
rue de l'Éperon, n°. 7.

RECHERCHES

SUR

LES SUBSTANCES NUTRITIVES QUE RENFERMENT

LES OS,

OU

MÉMOIRE SUR LES OS PROVENANT DE LA VIANDE DE BOUCHE-
RIE, SUR LES MOYENS DE LES CONSERVER, D'EN EXTRAIRE DE LA
GÉLATINE PAR LA VAPEUR, ETC.,

PAR M. D'ARCET,

Membre de l'Académie royale des sciences et du Conseil de salubrité, etc ;

ET

MÉMOIRE SUR L'APPLICATION SPÉCIALE DE CE PROCÉDÉ A LA NOUR-
RITURE DES OUVRIERS DE LA MONNAIE ROYALE DES MÉDAILLES ET
SUR LES APPLICATIONS GÉNÉRALES QU'IL PEUT RECEVOIR,

PAR M. A. DE PUYMAURIN,

Directeur de la Monnaie royale des médailles, Membre de la Société
d'Encouragement, etc.

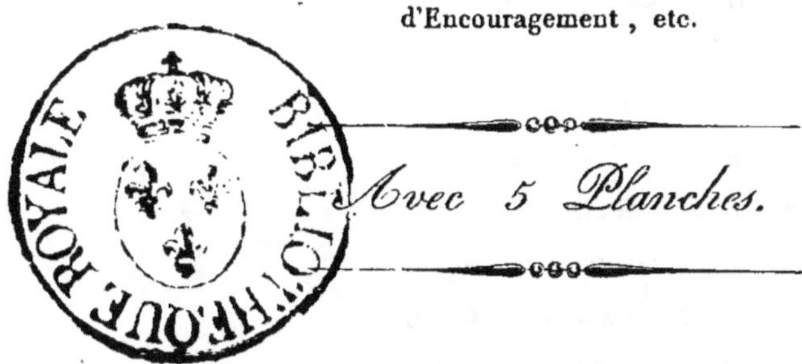

Avec 5 Planches.

A PARIS,

A LA MONNAIE DES MÉDAILLES, rue Guénégaud, n°. 8;
MADAME HUZARD (NÉE VALLAT LA CHAPELLE), Imprimeur-
Libraire, rue de l'Éperon, n°. 7 ;
BÉCHET jeune, Libraire, place de l'École de Médecine, n°. 4.

1829.

TABLE DES MATIÈRES.

MÉMOIRE DE M. A. DE PUYMAURIN.

RAPPORT de la Faculté de Médecine sur le Travail de M. D'Arcet.

FIN DE LA TABLE DES MATIÈRES.

AVIS DE L'ÉDITEUR.

Sous le titre de *Recherches sur les substances nutritives que renferment les os*, on offre au public deux Mémoires qui, quoique écrits sur un même sujet, le traitent d'une manière entièrement différente. M. *D'Arcet*, inventeur de cette nouvelle méthode d'extraction, en expose les principes, explique les phénomènes qui ont lieu et en développe les conséquences. M. *de Puymaurin*, qui, le premier, en a fait une application régulière, rend compte des nombreuses observations que cette application lui a suggérées et des résultats

a

obtenus, en n'envisageant toutefois la question que sous le rapport de la pratique. Ces deux Mémoires forment ainsi un Traité complet sur le sujet, se prêtent un mutuel secours, et l'évidence des raisonnemens théoriques est établie d'une manière invincible par des faits, des nombres et par plusieurs mois d'un usage non interrompu.

Les deux auteurs écrivaient séparément, et leur travail était destiné à deux recueils différens. La clarté et la précision qu'ils désiraient y apporter les ont obligés de se rapprocher quelquefois et de traiter les mêmes questions. Loin de penser que ces répétitions, d'ailleurs fort rares, pussent nuire au succès de cet ouvrage, on a cru devoir les considérer comme d'utiles développemens : il a paru convenable de conserver les idées originales de chaque auteur : refondues dans un ouvrage nouveau, elles n'auraient pu que perdre de leur clarté et de leur force.

On a ajouté à la suite de ces Mémoires le rapport fait par la Faculté de Médecine, en 1814, sur la gélatine extraite des os par les acides. Nous pensons que cette pièce officielle doit dissiper tous les doutes que quelques personnes pourraient avoir encore sur la question de salubrité.

MÉMOIRE

SUR LES OS

PROVENANT

DE LA VIANDE DE BOUCHERIE,

DANS LEQUEL ON TRAITE DE LA CONSERVATION DE CES OS; DE L'EXTRACTION DE LEUR GÉLATINE PAR LE MOYEN DE LA VAPEUR, ET DES USAGES ALIMENTAIRES DE LA DISSO-LUTION GÉLATINEUSE QU'ON EN OBTIENT.

Par M. D'ARCET,

MEMBRE DE L'ACADÉMIE ROYALE DES SCIENCES ET DU CONSEIL DE SALUBRITÉ.

Préambule.

Nous nous proposons, dans ce Mémoire, de rappeler l'attention de l'Administration, et d'é-clairer l'opinion publique sur l'emploi de la gélatine des os, considérée comme substance alimentaire. Les travaux longs et difficiles que nous avons entrepris dans ce but, depuis 1812, nous ont mis à portée de traiter à fond cette question économique, et nous portent à croire qu'avant peu d'années les os, cette source si

1

riche de matière nutritive , prendront enfin le rang qui leur est dû parmi les substances animales employées pour la nourriture de l'homme. Nous soumettons ce travail au jugement des personnes éclairées qui se consacrent au soulagement de la classe indigente et à l'augmentation de son bien-être et de son bonheur. Nous désirons qu'elles approuvent le résultat de nos travaux, et nous espérons qu'elles voudront bien nous aider de leur appui pour nous faire atteindre le but utile que nous nous sommes proposé, et pour lequel nous avons rédigé le Mémoire qui suit :

CHAPITRE PREMIER.

De la composition des os et de leur emploi comme substance alimentaire.

Nous ne considérerons ici les os que sous le rapport économique, et nous n'aurons égard, en en indiquant la composition, qu'aux principales substances qui les constituent.

Les os, qui forment la partie solide, et, pour ainsi dire, la charpente des animaux, doivent se diviser en deux classes relativement à l'objet qui nous occupe ; les os compactes, plats ou cylindriques, ne contenant que peu de graisse, et qui se vendent fort cher aux tourneurs, aux boutonniers, aux tabletiers et aux éventaillistes, doivent être mis à part et conservés pour ces usages. Les autres os, ceux qui restent après le triage dont nous venons de parler, et parmi lesquels se trouvent les têtes spongieuses des gros os et les extrémités des os plats, sont ceux que l'on doit employer comme substance alimentaire dans le procédé dont il s'agit (1); c'est, par conséquent, la composition moyenne de cette espèce d'os qu'il nous importe de connaître. Une longue expérience et de nombreuses analyses nous ont appris que ces os, étant séchés, contiennent environ par quintal :

Substance terreuse. 60
Gélatine. 30
Graisse. 10
____
100

Ce sera donc d'après ces proportions que nous établirons les calculs que nous aurons à présenter dans la suite de ce Mémoire. Nous

____

(1) Les os de mouton et les os qui proviennent de la viande rôtie donnent souvent de la graisse rance, ou sentant le suif, il est essentiel de mettre ces os à part pour les traiter séparément.

1.

ferons seulement observer ici que les têtes des gros os contenant jusqu'à 5o pour 100 de graisse, il serait facile de former à volonté, avec les os dont nous parlons, des mélanges pouvant fournir ou plus de graisse, ou plus de gélatine, selon l'avantage qu'il y aurait, dans telle localité ou dans telle circonstance, à obtenir de préférence l'un de ces produits.

Cent kilogrammes d'os, contenant 3o kilogrammes de gélatine, et 10 grammes de gélatine suffisant pour animaliser un demi-litre d'eau, au moins autant que l'est le meilleur bouillon de ménage, il est évident que 100 kilogrammes d'os peuvent fournir assez de dissolution gélatineuse pour préparer 3,000 rations de bouillon : 1 kilogramme d'os doit donc servir à préparer 3o bouillons d'un demi-litre chacun ; mais 1 kilogramme de viande ne peut fournir que 4 bouillons, d'où il suit qu'à poids égal les os abandonnent à l'eau sept fois et demie autant de matière animale que la viande.

On sait que 100 kilogrammes de viande de boucherie contiennent environ 20 kilogrammes d'os ; cette quantité de viande pouvant donner 4oo bouillons, et les 20 kilogrammes d'os pouvant servir à en préparer 6oo, on voit qu'en extrayant toute la gélatine des os provenant d'une quantité donnée de viande, on peut faire 3 bouillons avec les os, quand la viande et les os réunis n'en donnent actuellement que 2, et qu'on pourrait, par conséquent, préparer cinq bouillons avec la même quantité de viande non désossée, qui n'en fournit ordinairement que deux.

On sentira toute l'importance de ces considérations quand on se rappellera que la viande de boucherie consommée dans le seul département de la Seine peut fournir à peu près 10 millions de kilogrammes d'os par an, et que cette quantité d'os pourrait suffire à la préparation de plus de *huit cent mille rations* de bouillon par jour. On voit combien il est à désirer que l'on organise promptement les procédés au moyen desquels on peut arriver à un résultat si important pour l'amélioration du régime alimentaire des pauvres et de la classe peu fortunée.

CHAPITRE II.

Du broiement des os.

On pourrait extraire toute la gélatine contenue dans les os, en les soumettant à l'action de la vapeur, sans les broyer dans l'appareil qui fait le sujet de ce Mémoire ; mais l'opération traînerait en longueur, à moins qu'on ne craignît pas de dénaturer une portion de la gélatine, et que l'on pût employer de la vapeur fortement comprimée. L'expérience a prouvé qu'il est préférable de broyer convenablement les os avant d'en extraire la graisse et la gélatine : nous conseillons donc de toujours prendre ce soin, et nous pensons que ce n'est pas dans cette partie de l'opération qu'il faut chercher à accélérer le travail et à diminuer la main-d'œuvre.

On a successivement proposé un grand nombre de machines différentes pour opérer le broiement des os(1); nous les avons examinées avec soin : voici l'opinion que nous nous sommes formée à ce sujet.

Les os destinés à l'usage alimentaire ne doivent pas être écrasés à coups redoublés, car ils contracteraient ainsi une odeur empyreumati-

---

(1) Voyez, relativement au broiement des os, les ouvrages suivans :

Annales de l'Agriculture française, 1re. série, tome IV, page 360.

Bulletin de la Société d'Encouragement, tome III, p. 164, et tome XXV, pages 275 et 383.

Mécanique de Borgnis, tome V, page 243 (1819).

Dictionnaire des découvertes, tome XII, page 423.

que fort désagréable. Il faut d'abord les mouil-
ler et les écraser ensuite , autant que possible ,
en un seul coup, en les faisant passer entre des
cylindres de fonte cannelés, ou sous un mouton
assez pesant ; si l'on n'avait que peu d'os à
broyer chaque jour , il suffirait de faire usage ,
pour cela , d'un levier horizontal pareil à celui
qu'emploient les fabricans de toiles peintes et
de papiers peints, ou du tas et de la masse que
l'on voit représentés aux figures 1 et 2 de la
planche I (1). Dans tous les cas, il faut avoir

---

(1) Si l'on avait à broyer des os ne contenant pas de
graisse ou contenant de la graisse rance , et dont il serait
indifférent de sacrifier une partie, on pourrait les placer ,
sans les concasser, dans un cylindre à part, et les y soumettre à de la vapeur assez comprimée pour les rendre
très fragiles en peu de temps. On produirait le même effet
en les élevant à une température sèche de 130 à 140 degrés centigrades , dans une étuve ordinaire. Les os , ainsi
traités, ne se cassent plus en esquilles ; ils se brisent per-
pendiculairement à leur axe, comme le font les marbres, le
moellon , etc. Dans cet état, les os se broient et se pulvéri-
sent même très facilement ; on peut alors les casser sans
effort et les réduire en menus morceaux pour les traiter ,
comme os frais, dans notre appareil. Ce moyen sera surtout avantageux à employer dans les établissemens où , opérant sur des os sales et vieux , on en destinerait la gélatine

soin de tremper dans l'eau les fragmens d'os que l'on veut soumettre de nouveau à l'action des cylindres, du mouton ou de la masse pour en achever la pulvérisation. On parvient ainsi à réduire les os en morceaux assez menus, sans leur faire contracter de mauvaise odeur; mais on doit les employer immédiatement : sans cela, il faudrait les conserver en les tenant plongés, soit dans une eau courante, soit au moins dans de l'eau fraîche, ou, ce qui serait beaucoup mieux, dans une dissolution de sel marin presque saturée.

CHAPITRE III.

De la conservation des os.

La facilité avec laquelle les os frais entrent en putréfaction, l'altération profonde que la gélatine éprouve dans ce cas (1), et l'ignorance où

à l'amélioration des substances végétales servant à la nourriture des bestiaux.

(1) Une portion de gélatine se convertit en ammoniaque; l'ammoniaque formée se combine à la gélatine non décomposée, lui ôte la propriété de se prendre en gelée par refroidissement, et la rend soluble dans l'eau froide : c'est probablement ainsi que les os peuvent devenir un puissant engrais. Voyez la note que nous avons publiée à ce sujet

l'on est généralement des moyens à employer pour mettre les os à l'abri de toute altération étant les principales causes qui se sont opposées, dans beaucoup de circonstances, à l'emploi régulier de l'énorme quantité de substance nutritive qu'ils contiennent, nous avons cru devoir traiter ici cette question avec soin : nous allons, en conséquence, réunir dans ce chapitre ce que nous avons pu rassembler et ce que nous avons conseillé à ce sujet.

Lorsqu'il ne s'agit que de conserver les os frais pendant quelques jours, il suffit, comme nous l'avons déjà dit, de les tenir plongés dans une eau courante, dans de l'eau froide convenablement renouvelée, ou, mieux encore, dans une dissolution concentrée de sel marin ; mais ce n'est pas de ce genre de conservation que nous avons à nous occuper. Nous consacrerons ce chapitre à l'exposition des moyens à employer pour assurer la conservation des os pendant plusieurs années de suite, comme cela est nécessaire pour qu'ils puissent prendre rang

dans les *Annales de Chimie et de Physique*, tome xvi, page 361, et dans le tome xv, page 113 de la deuxième série des *Annales d'Agriculture*.

parmi les substances alimentaires admises dans les grands approvisionnemens.

Dans ce sens , les procédés à employer pour rendre les os conservables doivent avoir pour but d'en séparer la graisse et de les dessécher , ou bien , si l'on veut y laisser la graisse , de l'empêcher d'y rancir et de s'opposer en outre à l'altération que l'humidité pourrait faire éprouver à l'os qui la renferme. On a jusqu'ici tenté d'obtenir ces divers résultats par trois moyens différens.

On a essayé de rendre les os conservables en les nettoyant , en les concassant , en les faisant bouillir dans une chaudière remplie d'eau pour en extraire la graisse , en les lavant à l'eau chaude et en les faisant sécher sur un filet, dans un séchoir à l'air libre ou dans une étuve convenablement chauffée. Les os ainsi préparés fournissent beaucoup de graisse , mais ils en retiennent encore une trop grande quantité pour qu'ils ne prennent pas à la longue une odeur de graisse rance qui nuit à leur emploi comme substance alimentaire.

On a aussi proposé de prendre les os, après en avoir séparé la graisse, comme il vient d'être dit ; de les faire bouillir pendant une demi-heure dans une lessive caustique (1), de les laver à grande eau, et de les faire sécher en les exposant à l'air ou dans une étuve. Les os ainsi préparés se conservent facilement, et peuvent être envoyés au loin et embarqués avec succès; mais l'opération demande à être faite avec soin, et il est rare que les os préparés par ce moyen ne donnent point de la gélatine altérée, sentant le rance, ou conservant le goût du savon qui a été formé à leur surface, et qu'il est difficile d'en bien enlever, à cause de l'excès de graisse qui y reste.

On a enfin employé la salaison pour conserver les os sans en séparer préalablement la graisse; mais ce procédé a été trouvé trop

____

(1) Il faut employer, pour dégraisser 100 kilogrammes d'os une lessive préparée avec 1500 grammes de sel de soude, de bonne qualité, 1500 grammes de chaux vive et 50 litres d'eau : on fait éteindre la chaux, on la met dans l'eau, on y ajoute le sel de soude, on agite bien le mélange de temps en temps pendant quelques heures, on laisse déposer et on tire à clair la lessive caustique, que l'on peut employer de suite pour le dégraissage des os ; le résidu qui reste au fond du baquet doit être épuisé, en le lavant avec de nouvelle eau ; ces eaux faibles, réunies aux premières eaux de lavage des os dégraissés, peuvent servir à la préparation d'une nouvelle dose de lessive caustique.

coûteux pour être employé en grand, il ne conviendrait d'ailleurs pas pour le service de la marine, qui réclame des alimens frais, non salés, et occupant le plus petit volume possible.

Dans l'état actuel des choses, il est de fait qu'il reste beaucoup à désirer relativement à la conservation des os, considérés comme substance nutritive. C'est pourtant la solution complète de ce problème, qui doit procurer les moyens de régulariser le commerce des os, qui peut leur donner leur véritable valeur, et qui doit en faire adopter l'emploi dans les approvisionnemens de la marine et de la guerre : on voit donc que cette partie du sujet qui nous occupe est de la plus haute importance.

En réfléchissant aux difficultés dont il s'agit, j'ai pensé à appliquer à la conservation des os le procédé ingénieux qui a servi de base à la patente anglaise, prise en 1808, par M. Plowden (1), et qui consiste à plonger les viandes que l'on veut conserver dans une forte dissolution de jus de viande ou de gélatine, et à les faire ensuite sécher à l'air libre. Je suis ainsi parvenu à rendre les os conservables aux moin-

____

(1) *Repertory of Arts*, 2ᵉ. série, xiiiᵉ. volume, page 34.

dres frais possible : voici le procédé que j'emploie :

Je prends une dissolution de gélatine contenant environ trente centièmes de gélatine sèche; je la fais chauffer jusqu'à quatre-vingts ou quatre-vingt-dix degrés centigrades, et j'y trempe, à plusieurs reprises, les os nettoyés, concassés en petits morceaux, restant chargés de leur graisse, ou ayant été à volonté dégraissés avec soin au moyen de la vapeur ou de l'eau bouillante; les os ainsi enveloppés d'une couche de gélatine sont mis à sécher sur des filets exposés dans un séchoir à l'air libre, et sont ensuite traités une ou deux fois de la même manière, pour augmenter à volonté l'épaisseur de la couche de gélatine, qui en recouvre toute la surface. Les os ainsi *enrobés* de gélatine doivent être parfaitement desséchés, d'abord à l'air libre, et ensuite dans une étuve chauffée seulement à vingt ou vingt-cinq degrés centigrades (1); amené à cet état, chaque fragment d'os étant comme renfermé

____

(1) En chauffant cette étuve au moyen de notre appareil, on utiliserait la chaleur que les quatre cylindres peuvent donner, et on réduirait ainsi à rien la dépense en combustible, soit dans le service de l'étuve, soit dans l'extraction de la gélatine des os.

dans une vessie ne craint, pour ainsi dire, pas même l'humidité de l'air, puisque la gélatine n'est que faiblement hygrométrique, et se trouve alors être parfaitement conservable.

La gélatine extraite des os par le moyen du procédé qui fait le sujet de ce Mémoire convient très bien à l'usage dont il s'agit (1); celle qui sert à préparer les os n'est, d'ailleurs, pas perdue, puisqu'elle se retrouve au moment où les os qui en sont enrobés servent à la préparation des gelées ou du bouillon, et qu'elle vient alors augmenter la dose de gélatine, que les os ordinaires peuvent fournir. On voit que ce procédé présente les avantages désirables : en effet, tous les os frais peuvent être ainsi facilement préparés; la graisse et la gélatine qu'ils contiennent se trouvent complétement à l'abri du contact de l'air et de l'humidité, et sont, par conséquent, garanties de toute altération ; on ne fait usage, d'ailleurs, pour leur

____

(1) Si la gélatine employée à cet usage était parfaitement insoluble dans l'eau froide, la couche qu'elle formerait à la surface des os plats et très unis pourrait s'en détacher par suite de sa dessiccation ; on éviterait cet inconvénient en employant de la gélatine préparée par de la vapeur à plus haute tension, ou bien en mélangeant un peu de gomme avec la gélatine trop pure dont il s'agit.

préparation, que d'une substance qui en augmente la richesse alimentaire, et dont l'emploi ne nécessite aucune perte de main-d'œuvre. Le procédé que nous proposons sera sans doute préféré à ceux dont il a été parlé plus haut : il suffira, pour en obtenir de bons résultats, de conserver, autant que possible, les os enrobés de gélatine dans des sacs ou dans des tonneaux placés dans un endroit sec.

Nous terminerons ce chapitre en faisant observer que l'application du procédé de conservation que nous venons d'indiquer pourrait ouvrir une branche de revenus assez importante pour les hôpitaux, pour les autres grandes réunions d'hommes, pour les ateliers de salaison ; en un mot, pour tous les établissemens où l'on recueille une grande quantité d'os propres : en effet, ces administrations, qui font vendre maintenant les os à bas prix, pourraient, en les rendant conservables, en faire l'objet d'un commerce régulier, et les vendre, comme substance alimentaire, pour les approvisionnemens de la marine ou de la guerre, pour l'amélioration des soupes économiques, pour celle des autres nourritures végétales destinées à la classe indigente, et enfin pour l'usage des cuisines particulières.

CHAPITRE IV.

Des différens procédés qui ont été employés jusqu'ici pour extraire la gélatine des os.

On a probablement su, de tout temps, que les os des animaux contiennent une grande quantité de substance nutritive : les besoins pressans auxquels l'homme réduit à l'état sauvage se trouve exposé ; l'exemple des animaux carnivores, qui préfèrent souvent les os à d'autres alimens plus faciles à broyer, et la propriété qu'ont les os de brûler avec flamme lorsqu'on les expose au feu, sont autant de causes qui, allant au même but, n'ont point dû laisser long-temps ignorer que les os peuvent servir à la nourriture de l'homme ; il paraît, néanmoins, que ce n'est qu'en 1681 que l'on a commencé à en extraire la matière animale, pour mieux l'approprier à nos besoins. *Papin*, homme de génie, à qui l'on doit les premières idées précises sur la force motrice de la vapeur, et sur l'emploi utile de cette force, proposa alors de traiter les os à haute température, et se servit pour cela de la marmite ou du digesteur qui porte encore son nom.

Un grand nombre de personnes essayèrent,

depuis lors et à différentes époques, d'utiliser ce procédé; mais toutes les tentatives faites à ce sujet échouèrent, par suite du peu de sûreté que présentait l'emploi de la marmite de *Papin*, à cause des grandes précautions qu'il fallait prendre pour empêcher sa soupape de jouer et de donner issue à la totalité du liquide contenu dans l'appareil, et enfin parce qu'en traitant les os à haute pression on n'en obtenait presque toujours que de la gélatine altérée, ne se prenant plus en gelée, et ayant une saveur empyreumatique fort désagréable. Pénétrées de ces graves inconvéniens, d'autres personnes ont essayé d'extraire la gélatine des os en les râpant, en les réduisant en copeaux, ou en les broyant et en les traitant ensuite, dans des vases ouverts, par l'eau bouillante, sous la seule pression atmosphérique; mais ces travaux, parmi lesquels on doit distinguer ceux dus à M. *Grenet* (1), ceux que M. *D'Arcet* père fit en 1794 (2), les recherches de *Proust*, qui, publiées en Espagne dans l'année 1791, ne le

---

(1) Voyez *Mémoires de Pelletier*, tome II, page 66 (1792).

(2) Voyez n°s. 23 et 24 de la *Décade philosophique*, à la date des 20 et 30 frimaire an 3 (1794), pages 454 et 521.

furent en France qu'en 1801 (1), et enfin les nombreuses publications relatives à cet objet, faites dans ces derniers temps par M. *Cadet de Vaux;* ces travaux, disons-nous, sont presque restés sans applications utiles, et cela à cause de la dépense excessive en combustible et en main-d'œuvre qu'entraîne l'exécution de ce procédé, et parce qu'il ne procure d'ailleurs pas, à beaucoup près, toute la gélatine que les os peuvent fournir (2). Les choses étaient dans cet état, lorsque nous organisâmes, il y a environ quinze ans, l'art d'extraire la gélatine des os par le moyen des acides. Le Rapport qui fut alors fait par la Faculté de médecine, relativement à l'emploi de cette gélatine dans le régime alimentaire des hôpitaux (3);

---

(1) Voyez *Journal de Physique*, tome LIII, page 227 (1801).

(2) Des os que M. *Cadet de Vaux* avait employés quatre fois de suite pour faire du bouillon d'os dans l'établissement de charité qu'il avait organisé, en 1817, pour le bureau de bienfaisance du premier arrondissement de Paris, ayant été lavés et séchés, contenaient encore 37 centièmes de matière combustible, et donnaient, en les traitant par l'acide hydrochlorique, 27 de gélatine pure et sèche par quintal ; c'est, à très peu près, ce que l'on aurait pu obtenir par l'emploi dont il s'agit.

(3) Ce Rapport a été imprimé par ordre de la Faculté de

les succès qu'obtint cette nouvelle industrie,
malgré les vices d'une mauvaise administration ;
le grand nombre de fabricans de colle qui ex-
ploitent aujourd'hui ce procédé, tout prouve
que, s'il avait été géré par des mains plus habiles que celles auxquelles nous en avions
confié l'exploitation, il eût fortement contribué
à faire prendre à la gélatine des os le rang
qu'elle doit occuper dans la liste des substances
alimentaires, et eût, depuis lors, rendu de
très grands services pour la nourriture du marin, du soldat et de la classe indigente : malheureusement, la cause que nous venons d'indiquer a agi de la manière la plus funeste sur le
développement de cette industrie, et a presque
détruit l'impulsion que nous étions parvenu à
lui donner. On s'était cependant déjà habitué
à acheter et à employer la gélatine extraite des
os par le moyen des acides, comme substance

médecine, dans le tome XXXI, page 352 du *Journal de Médecine, Chirurgie, Pharmacie, etc.* Il a été depuis réimprimé,
soit en entier, soit par extrait, dans le tome XCII, page 300
des *Annales de Chimie ;* dans la treizième année, page 292 du
Bulletin de la Société d'Encouragement ; dans le tome LXI,
page 122 des *Annales d'Agriculture ;* dans le *Bulletin de
la Société philomatique*, année 1815, page 60, et dans le
Journal de Pharmacie, en janvier 1815, page 39.

alimentaire. Mais, la bonté des produits n'ayant pas toujours répondu aux désirs des consommateurs, les ventes de gélatine diminuèrent, et l'attention fut tout naturellement rappelée sur les travaux de *Papin;* on refit quelques applications de ses procédés, et c'est encore en les suivant que quelques fabricans préparent aujourd'hui une partie de la petite quantité de gélatine alimentaire qui se consomme. Voilà la position où se trouve l'industrie dont il est question dans ce mémoire; voici ce que nous avons fait pour contribuer de nouveau à en hâter le développement.

En étudiant, en 1812 et 1813, le procédé de *Papin,* nous avions, comme nous l'avons dit plus haut, reconnu que les os ne pouvaient pas être impunément exposés à l'action de l'eau élevée à une haute température; que, dans une telle circonstance, une partie considérable de leur gélatine était convertie en ammoniaque(1),

---

(1) La formation de l'ammoniaque, dans cette circonstance, est si difficile à éviter, qu'il y a lieu d'espérer que l'on parviendra à obtenir toute l'ammoniaque que les matières animales ou azotées peuvent fournir, sans les soumettre à la distillation et en les traitant tout simplement par l'eau sous la double influence d'une haute pression et d'une température élevée.

ce qui rendait la dissolution gélatineuse obtenue tout à fait impropre à la nourriture de l'homme; nous avions, en outre, éprouvé les graves inconvéniens qu'entraîne l'emploi des appareils de compression, lorsque l'on veut augmenter la capacité de ces chaudières, et nous avions été amenés tout naturellement à changer le système de construction de ces appareils. Nous prîmes, à ce sujet, un brevet d'invention et de perfectionnement, le 7 mars 1817. C'est de ce brevet, dont la durée est expirée, et qui se trouve publié (1) dans le tome xiv, page 264 de la *Description officielle des brevets d'invention*, que nous extrairons la plupart des renseignemens que nous allons donner relativement au procédé dont il s'agit.

---

(1) La publication légale de ce brevet a été faite par extrait, contrairement au vœu de la loi; la rédaction et l'impression de cet extrait ont été d'ailleurs si mal soignées, que nous conseillons aux personnes qui voudraient prendre connaissance de ce brevet d'aller en demander l'original au Conservatoire des arts et métiers. Voyez à ce sujet la réclamation que nous avons fait insérer dans le tome xxvii, page 264 du *Bulletin de la Société d'Encouragement*.

CHAPITRE V.

Description du procédé actuellement employé à l'hôpital de la Charité pour y extraire en grand la gélatine contenue dans les os, et pour y préparer environ mille rations gélatineuses par jour.

Le procédé dont il s'agit, et qui sert de base au brevet dont nous avons parlé à la fin du chapitre précédent, consiste à exposer les os à l'action de la vapeur ayant une faible tension, et doit le succès qu'il procure à ce que la vapeur, en se condensant jusque dans les pores des os, commence à en expulser la graisse, et en dissout ensuite successivement toute la gélatine : c'est la mise en fabrique d'un ancien procédé pharmaceutique, oublié dans les officines, dont on a évidemment méconnu la portée, mais qui se trouve cité à la page 108 des *Élémens de Pharmacie* de *Baumé*, édition de 1790. Voici comme nous avons régularisé et appliqué en grand ce procédé.

L'expérience nous ayant appris qu'il faut au moins quatre jours pour extraire, par ce moyen, la gélatine des os lorsqu'on tient à l'avoir de bonne qualité, nous avons composé l'appareil de quatre vases d'égale capacité; ces vases se voient en plan aux lettres A , B, C, D de la *figure* 1, *Pl.* II, et en élévation aux mêmes lettres de la *fig.* 2. Cela dit , rien n'est plus facile que de bien entendre le jeu de cet appareil.

On prend des os frais ou des os conservés par un des procédés que nous avons indiqués dans le chapitre III; on broie convenablement ces os , s'ils ne le sont pas assez, au moyen de la masse et du tas que l'on voit *a* , *b* , *c* , *d* , *fig.* 1, *Pl.* I; on en remplit le panier fait en fil de fer étamé, dont on voit une élévation à la *figure* 6; on introduit ce panier dans le cylindre A ; on place le couvercle de ce cylindre , et on en assure la fermeture, soit au moyen d'un poids suffisant , soit en étrésillonnant ce couvercle ou en l'assujettissant au moyen d'un étrier garni d'une vis de pression ou d'un coin , soit en se servant tout simplement de l'ustensile que les blanchisseurs nomment *épingle* , et qui est indiqué en *b* , *fig.* 8, ou , encore mieux , de l'ingénieuse fermeture dont on doit l'idée à M. *Moulfarine,* qui est représentée en *a* , *b* , *c* , *fig.* 5, et que l'on voit appliquée en *i* , *i* , *i* , *i* , *fig.* 3, *Pl.* I, et *fig.* 2 , *Pl.* II. Cela fait, il suffit d'introduire la vapeur dans

(24)

le cylindre chargé d'os , pour que bientôt
après on en puisse retirer , par le robinet *f*, la
graisse et la gélatine que la vapeur extrait des
os en se condensant à leur surface et jusque
dans leur intérieur. Les os s'épuisant en quatre
jours de travail continu , on conçoit qu'en char-
geant d'os un cylindre chaque jour , et en réu-
nissant dans un même vase , à chaque tirage ,
les liqueurs qui s'écouleront en ouvrant à la fois
les robinets des quatre cylindres , on arrivera
à établir un ordre de travail régulier , à épuiser
complétement les os et à en obtenir constamment une dissolution gélatineuse de la même
force ; toutes conditions qu'il fallait remplir
pour rendre le service de l'appareil aussi avantageux que possible. Rien de plus facile que de
placer les paniers remplis d'os dans les cylindres , et de les en retirer lorsque les os sont
épuisés de gélatine : il suffit, pour les y placer,
d'accrocher l'anse du panier rempli d'os au cro-
chet d'un moufle mobile , roulant sur une tringle fixée au plafond, à l'aplomb des centres des
quatre cylindres , comme on le voit en *o*, *figure* 2 et 3, *Planche* II ; d'enlever le panier de
manière à ce que son fond soit élevé à 1 ou 2 décimètres au dessus des cylindres ; de faire glis-
ser la gorge du moufle sur la tringle pour ame-

ner le panier au dessus et à l'aplomb du cylindre vide où l'on veut le placer, et enfin de l'y
descendre, en laissant filer peu à peu la corde
du moufle ; la même manœuvre, faite en sens
contraire, sert avec tout autant de facilité à
enlever de dedans les cylindres les paniers chargés d'os épuisés, et à les descendre à droite ou
à gauche de l'appareil, jusque sur le sol de l'a-
telier. On voit, d'après ce qui vient d'être dit,
que la marche de l'appareil étant régularisée
dès le quatrième jour de travail, son service ne
consiste plus qu'à remplir chaque jour un panier d'os concassés, qu'à ouvrir le cylindre où
les os sont restés quatre jours exposés à l'action
de la vapeur, qu'à en retirer le panier chargé
d'os épuisés, qu'à le remplacer par le panier
chargé d'os neufs, que l'on doit préparer d'a-
vance, et enfin qu'à refermer exactement ce
cylindre pour y introduire de nouveau la vapeur. Nous allons donner, dans le chapitre suivant, quelques détails qui éclairciront ce qui a
été dit jusqu'ici, et qui, joints aux renseignemens contenus dans la légende explicative des
Planches de ce Mémoire, ne laisseront sans
doute rien à désirer aux personnes qui voudront faire usage de l'appareil dont il s'agit.

CHAPITRE VI.

Des précautions à prendre pour obtenir de bons résultats en se servant de l'appareil qui vient d'être décrit dans le chapitre précédent.

L'avantage qu'il y a dans toute opération manufacturière à achever chaque partie du travail à des époques fixes et en des temps égaux indique la nécessité d'avoir un cylindre et un panier de rechange, afin de ne pas être obligé d'interrompre la marche régulière de l'appareil, s'il survenait quelque réparation à y faire : le panier de rechange servira d'ailleurs chaque jour à introduire sans perte de temps les os neufs dans l'appareil.

Il est évident qu'on obtiendra d'autant plus facilement toute la gélatine de ces os, qu'ils seront réduits en morceaux plus menus, et qu'on opérera à plus haute température. Nous ajouterons, à ce sujet, que les os que l'on veut employer doivent encore être d'autant mieux concassés ou broyés qu'ils seront plus compactes, surtout si la vapeur qui doit les attaquer n'a que peu de tension, et si l'on veut, malgré cela, en extraire promptement la gélatine.

La présence de la graisse dans les os donne

lieu à un phénomène remarquable qui compli-
que le procédé. En effet, cette graisse s'acidifie
sous l'influence de la vapeur, de la température, de la pression, de l'eau liquide et de la
chaux carbonatée, à l'action desquelles elle est
exposée dans les cylindres; le carbonate de
chaux qui se trouve dans les os est décomposé;
l'acide carbonique se dégage, et il y a formation de savon de chaux, qui, étant insoluble,
vient mettre obstacle à l'action de la vapeur et
à la dissolution de la gélatine. Cette réaction
nuit encore, en diminuant la quantité de graisse
que les os pourraient fournir, et introduit
d'ailleurs dans l'appareil un volume considérable d'acide carbonique, qui fatiguerait inutile-
ment les cylindres, et qui doit par conséquent
en être évacué. Il suit de ces observations qu'il
faut s'opposer le plus possible à la réaction
de la graisse sur la chaux carbonatée contenue
dans les os. On arrivera assez bien à ce but,
soit en dégraissant les os convenablement
broyés, et, avant de les placer dans les cylindres, en les faisant bouillir avec de l'eau dans
une chaudière découverte, comme on le fait
ordinairement, soit en les mettant de suite
dans les cylindres, mais en ne les y exposant
d'abord qu'à l'action de l'eau bouillante, ou à

la vapeur non comprimée. On conçoit combien la formation d'une combinaison insoluble dans les pores des os peut apporter d'obstacles à l'opération ; il faut donc éviter cet inconvénient par tous les moyens possibles, et c'est pour cela qu'il serait nécessaire, en opérant sur des os très chargés de graisse, de les bien concasser et de bien ménager la chaleur, si l'on ne voulait pas les dégraisser préalablement par un des deux moyens que nous avons indiqués plus haut.

Nous avons dit précédemment que, lorsqu'on opérait à haute température, les élémens de la gélatine réagissaient les uns sur les autres, et qu'il y avait alors formation d'ammoniaque : cette décomposition donne aussi lieu à la production d'une quantité relative d'acide carbonique, d'où suit encore la nécessité de n'employer que de la vapeur à faible tension, et de prendre en outre le parti de réduire les os en menus morceaux, et de ne les attaquer que lentement.

La condensation de la vapeur dans les cylindres doit s'opérer différemment, suivant la force de la dissolution gélatineuse que l'on veut obtenir. Si l'on demande une liqueur ne contenant qu'autant de matière animale qu'il s'en trouve dans le bouillon à la viande, c'est à dire de 1 à 2 pour 100, on arrivera à ce but en laissant les cylindres à nu, en les refroidissant convenablement, et en entr'ouvrant les quatre robinets, de manière à laisser sortir continuellement la dissolution, sans cependant laisser perdre de vapeur et sans diminuer la tension qu'elle a dans l'appareil.

Si l'on voulait avoir une dissolution gélatineuse se prenant en gelée, il faudrait au contraire travailler à plus basse température, en employant des os réduits en morceaux plus menus et préalablement dégraissés, en couvrant les cylindres de leurs enveloppes de laine, en évitant les courans d'air froid, en diminuant le plus possible la condensation de la vapeur, et en ouvrant les robinets des cylindres d'autant moins souvent par vingt-quatre heures, que l'on voudrait obtenir de la dissolution gélatineuse plus concentrée.

On conçoit qu'au moyen de ces combinaisons on doit arriver facilement à atteindre le but qu'on se propose : nous allons d'ailleurs, pour plus de clarté, résumer les conditions qu'il faut réunir pour obtenir de bons résultats en se servant de l'appareil dont il s'agit.

1°. Les os doivent être concassés en menus

morceaux ; il faut les broyer d'autant mieux qu'ils sont plus compactes, plus chargés de graisse, et qu'ils doivent être épuisés plus promptement ou à plus basse température ;

2°. Les os broyés doivent être dégraissés préalablement, soit au moyen de l'eau bouillante, dans une chaudière ordinaire, soit dans les cylindres, en y introduisant de la vapeur non comprimée, ou peut-être même de l'eau que l'on y ferait chauffer par le moyen de la vapeur;

3°. La vapeur d'eau doit être d'autant moins comprimée, et la durée de l'opération doit être d'autant plus prolongée que l'on veut obtenir de la gélatine plus pure, et se prenant mieux en gelée ;

4°. On doit s'opposer d'autant plus à la condensation de la vapeur dans les cylindres, qu'on veut y obtenir de la dissolution gélatineuse plus concentrée ; on peut agir en sens inverse, si la dissolution de gélatine ne doit servir qu'à remplacer le bouillon ou à animaliser des alimens de nature végétale ;

5°. On conçoit que l'on peut augmenter notablement le produit de l'appareil sans dépenser plus de combustible, en n'y préparant que des dissolutions gélatineuses très concentrées;

on peut d'ailleurs réduire ces dissolutions à la force convenable, en y ajoutant de l'eau bouillante au moment de leur emploi.

6°. Tout ce qui précède indique que, dans le procédé dont il s'agit, la tension de la vapeur doit varier selon l'effet que l'on veut produire. L'expérience a cependant prouvé qu'il était en général avantageux de ne pas employer de la vapeur à plus de cent six ou cent sept degrés centigrades, c'est à dire faisant équilibre à une colonne de mercure ayant plus de 960 millimètres de hauteur; les robinets placés sur chacun des tuyaux qui servent à introduire la vapeur dans les cylindres donnent d'ailleurs toute facilité pour faire varier à volonté la tension de la vapeur qui y est mise en contact avec les os : il faut donc avoir soin d'en régler convenablement l'ouverture, ce qui sera facile en consultant les thermomètres, que l'on peut placer en *g* sur chaque cylindre, comme on le voit à la *fig.* 3, *Pl.* I, ou, mieux, à l'extrémité du tuyau qui amène la vapeur dans l'appareil , comme cela est indiqué en *p*, *fig.* 2, *Pl.* II.

Nous n'insisterons pas davantage sur ces considérations ; l'usage journalier de l'appareil apprendra bientôt quelles sont les combinaisons les plus avantageuses que l'on peut faire intervenir dans son service. Nous terminerons ce chapitre en recommandant bien de tenir l'appareil très propre , et de ne recevoir la dissolution gélatineuse que dans des vases en fer-blanc ou en grès bien cuit. Ces vases doivent être échaudés fréquemment; car l'expérience a appris que la propreté de ces ustensiles contribuait beaucoup à la conservation des gelées ou des dissolutions gélatineuses qu'on y laisse séjourner.

CHAPITRE VII.

De la dissolution gélatineuse que l'on obtient au moyen de l'appareil dont il s'agit dans ce Mémoire, et des différens usages que l'on en peut faire.

C'est pour nous conformer à l'usage établi , et surtout pour abréger nos descriptions , que nous avons quelquefois désigné sous le nom de *bouillon d'os* la dissolution gélatineuse que l'on obtient en se servant de notre appareil. Cette dissolution, qui n'a aucune saveur, n'est évidemment pas du bouillon , en prenant ce mot dans son acception ordinaire ; mais, contenant autant de matière animale qu'on en trouve dans le meilleur bouillon à la viande, et pouvant être convenablement aromatisée , soit au moyen d'un peu de viande, soit avec des légumes, ou seulement avec quelques unes de leurs graines, cette dissolution gélatineuse, considérée comme substance alimentaire, doit certainement prendre rang immédiatement après le bouillon à la viande , si l'on n'a point égard à son bas prix , et lui devient au contraire préférable toutes les fois qu'on est forcé de prendre en considération la partie économique de la question.

La dissolution gélatineuse qui se produit au moyen de la condensation de la vapeur dans les cylindres en sort parfaitement claire, si l'on tire la liqueur peu à peu et sans laisser sortir la vapeur par les robinets ; elle ne coule trouble et chargée de la matière terreuse des os que lorsque, donnant issue à la vapeur, on en accélère le passage à travers les cylindres, ce qui agite les os amollis, les fait frotter les uns contre les autres, et en détache du sous-phosphate de chaux. Cet inconvénient est facile à éviter, puisqu'il ne s'agit pour cela que de bien manœuvrer les robinets des cylindres (1).

____

(1) On pourrait encore, pour obtenir des dissolutions gélatineuses bien claires, garnir le fond des cylindres de sable ou de charbon en poudre , en disposant ces substances

La dissolution gélatineuse n'ayant aucune saveur, et pouvant être facilement amenée au
point de contenir 5 ou 6 centièmes de gélatine
sèche, peut servir à préparer des gelées alimentaires au rhum, à l'orange, au citron, etc.
Il suffit en effet, pour cela, de la sucrer et de
l'aromatiser convenablement (1). En la réduisant au point de ne contenir que 2 pour 100 de

comme on le fait ordinairement lorsqu'on veut clarifier
des liquides par simple filtration : lorsque la dissolution de
gélatine sert à la préparation du bouillon aromatisé avec de
la viande, elle se trouve d'ailleurs clarifiée par le moyen
de l'albumine fournie au commencement de l'opération par
la viande employée ; si cette albumine ne suffisait pas pour
produire cet effet, on pourrait ajouter un peu de blanc
d'œuf à la dissolution, avant de la faire chauffer : le bouillon, écumé comme de coutume, serait alors parfaitement
clair.

(1) On peut rendre la préparation de ces gelées plus
facile, surtout dans les pays chauds, en plaçant une quantité suffisante de gélatine pure et non déformée, extraite
des os par le moyen de l'acide hydrochlorique, à la surface
des os dans le cylindre chargé de la veille. Les os contenus
dans ce cylindre, ayant été exposés à l'action de la vapeur
pendant vingt-quatre heures, ne donnent plus de graisse
et fournissent une dissolution gélatineuse, qui, se trouvant
fortifiée par la gélatine pure mise dans le cylindre, se
prend alors facilement en gelée bien consistante.

gélatine , on a une dissolution aussi chargée en matière animale que l'est le meilleur bouillon de ménage , et l'on peut se servir de cette dissolution , soit pour *animaliser* tous les alimens de nature végétale , soit pour remplacer le bouillon à la viande ; ce que l'on fait facilement en salant , en colorant et en aromatisant autant qu'il convient cette dissolution gélatineuse. En la faisant évaporer jusqu'au point convenable , soit telle qu'elle sort des cylindres , soit après l'avoir aromatisée avec des légumes ou avec du jus de viande , on en obtient ou des tablettes de gélatine , ou des tablettes de bouillon.

En épaississant convenablement la dissolution gélatineuse, on peut encore la faire entrer dans la préparation des farines de légumes cuits et séchés , comme le fait M. *Duvergier ;* dans la fabrication du *ter-ouen* et des autres substances alimentaires extraites de la pomme de terre, comme M. *Ternaux* l'a fait pratiquer dans sa fabrique de Saint-Ouen ; on peut aussi se servir de cette dissolution gélatineuse pour animaliser le biscuit de mer (1), et enfin pour

______

(1) Nous avons fait préparer des biscuits ainsi animalisés pour l'approvisionnement du bâtiment sur lequel M. *de Durville* achève maintenant le tour du monde ; on connaî-

fabriquer avec les farines avariées , ou avec la pomme de terre et le sucre de fécule , un pain à meilleur marché et aussi nutritif que le pain fait avec le meilleur froment (1).

Nous croyons pouvoir nous dispenser de parler de la salubrité et de la qualité nutritive de la dissolution gélatineuse connue sous le nom de *bouillon d'os*. Cette partie importante de la question a été tant de fois résolue favorablement , soit par l'expérience acquise depuis les travaux de *Papin* , en 1681 , soit par les hommes distingués et les juges compétens qui , à différentes époques , ont eu à l'examiner , qu'il nous paraîtrait oiseux de citer à ce sujet les autorités imposantes dont nous pourrions

---

tra avant peu le résultat de cet essai. Les biscuits dont il s'agit contiennent chacun 10 grammes de gélatine ; il suffit d'en mettre un dans un demi-litre d'eau bouillante, de colorer , de saler convenablement le mélange , d'y ajouter un peu de graisse et de l'aromatiser d'une manière quelconque , pour avoir un potage aussi nutritif que l'est une ration de soupe grasse , préparée avec du bouillon de viande.

(1) Nous nous occupons en ce moment de recherches relatives à la fabrication de cette espèce de pain , nous espérons pouvoir publier avant peu une note détaillée à ce sujet.

invoquer ici le témoignage. Nous regardons la gélatine comme étant essentiellement nutritive ; nous croyons qu'elle forme un aliment très salubre, et nous pensons qu'aucune substance animale n'est plus propre qu'elle à remplacer la viande dans la préparation du bouillon, et, en général, pour animaliser les substances végétales non azotées, et les rendre ainsi plus utiles dans le régime alimentaire. Nous ne connaissons pas un fait qui puisse être cité contrairement à cette manière de voir, et il n'a fallu rien moins que cette conviction intime pour nous encourager dans la longue série de travaux que nous avons eu à faire sur les os pour en approprier définitivement, par deux procédés différens, la substance animale à la nourriture de l'homme.

Nous avons à citer ici une observation importante qui a été faite par M. *Braconnot*, relativement à l'emploi alimentaire de la dissolution gélatineuse. Cet habile chimiste a émis l'opinion que les sels provenant de la viande contribuent beaucoup plus qu'on ne pense à la saveur agréable du bouillon (1). Quelques essais faits à ce sujet ont complétement jus-

____

(1) Voyez les *Annales de chimie et de physique* (1821), tome xvii, page 390.

tifié cette manière de voir, et nous ont conduit à saler la dissolution gélatineuse, toutes les fois qu'il faut lui ajouter cet assaisonnement, non pas avec du sel marin pur, comme on l'a fait jusqu'ici, mais avec un mélange salin analogue à celui qui relève la saveur du bouillon à la viande. M. *Petroz*, pharmacien en chef de l'hôpital de la Charité, a fait, à ce sujet, de nombreux essais comparatifs, et s'est assuré qu'un mélange de 30 parties de chlorure de potassium et de 70 parties de sel marin remplit parfaitement le but proposé (1). Nous avons nous-même vérifié la bonté de ce moyen, et nous conseillons bien de ne saler à l'avenir les alimens animalisés avec la gélatine, en remplacement du bouillon à la viande, qu'avec le mélange salin dont nous venons de donner la composition, et que l'on pourra, d'ailleurs, se procurer facilement et à bas prix chez ceux de MM. les pharmaciens qui sont en même

---

(1) M. *Petroz* a essayé d'ajouter du phosphate de potasse au mélange salin dont il s'agit ; mais il a reconnu que les plus petites quantités de ce sel nuisaient à la saveur du bouillon. M. *Braconnot* avait cependant trouvé, en analysant le cœur de bœuf, que la quantité de phosphate de potasse y était à la quantité de chlorure de potassium dans la proportion de 46 à 38.

temps fabricans de produits chimiques (1). Nous allons terminer ce chapitre en donnant les recettes qui nous ont le mieux réussi pour convertir en bon bouillon la dissolution gélatineuse prise à la sortie des cylindres.

Recettes pour préparer du bouillon avec la dissolution gélatineuse provenant du traitement des os par le moyen de la vapeur comprimée.

On sait que le meilleur bouillon de ménage ne contient que de 1 à 2 centièmes de substance animale ; c'est donc à ce titre ou à ce degré de force qu'il faut employer la dissolution gélatineuse que l'on veut convertir en bouillon.

Nous supposerons d'abord que l'on veuille aromatiser le bouillon de gélatine seulement avec des légumes et sans employer de viande , on peut arriver à ce but par deux procédés différens.

La dissolution, contenant environ 20 gr. de gélatine sèche par litre, doit être salée conve-

---

(1) M. *Petroz*, pharmacien en chef de l'hôpital de la Charité, membre de l'Académie royale de médecine, a établi le seul dépôt de son sel pour la préparation du bouillon de gélatine, chez M. *Robiquet*, pharmacien titulaire de l'Académie royale de médecine, rue des Fossés-Saint-Germain-l'Auxerrois, n°. 5.

nablement, en faisant usage du sel préparé dont nous avons donné ci-dessus la composition. On colore ensuite la dissolution gélatineuse, en y ajoutant soit du caramel, soit une forte décoction de carotte brûlée ou d'oignon grillé (1); on y met assez de graisse de pot ou de saindoux pour qu'il en reste à la surface du bouillon, et on l'aromatise avec de l'oseille cuite, ou avec toute autre préparation analogue.

On peut encore préparer cette espèce de bouillon, en faisant cuire à petit feu 1 kilog. de légumes, tels que panais, carottes, oignons, poireaux et céleri, dans 5 litres de dissolution gélatineuse convenablement salée avec le sel préparé, et à laquelle on ajoute d'avance 3 clous de girofle et une quantité suffisante de graisse de pot ou de saindoux; on colore ensuite le bouillon comme on le fait de coutume, on le retire du feu lorsque les légumes sont bien cuits, et on achève de l'aromatiser, soit avec un peu d'oseille cuite, soit en y ajoutant d'autres légumes cuits et coupés en petits morceaux. On obtient facilement, par ces deux procédés

---

(1) On peut conserver facilement cette décoction en la concentrant et en la salant convenablement avec le mélange salin dont nous avons parlé plus haut.

et sans employer de viande, un bouillon aussi nutritif que le bouillon ordinaire, et qui a à peu près la même saveur que ce bouillon, lorsqu'on y a ajouté de l'oseille où lorsqu'on s'en est servi pour préparer une *julienne* (1).

Si l'on veut aromatiser la dissolution gélatineuse au moyen de la viande, il faut opérer comme il suit :

On prendra 5 litres de dissolution de gélatine, on les mettra dans une marmite avec 5oo grammes ou une livre de viande désossée et contenant un peu de graisse; on salera le pot avec le mélange salin dont nous avons parlé plus haut; on écumera le bouillon; on y ajou-

------

(1) Nous ajouterons ici une note qui nous a été remise, à ce sujet, par M. *Petroz*.

« Prenez :4 litres de dissolution gélatineuse ; mettez-
» y un kilogramme de légumes, oignons, carottes, poi-
» reaux, navets, céleri; ajoutez une gousse d'ail, trois
» ou quatre clous de girofle, un oignon brûlé et 15o gram-
» mes de mélange salin, et faites chauffer le tout jusqu'à
» parfaite cuisson des légumes. On obtient ainsi les lé-
» gumes cuits et 1o litres de bon bouillon. »

On voit ici qu'il faut, pour saler convenablement le bouillon de gélatine, mettre environ 11 grammes de mélange salin par litre de la dissolution gélatineuse employée, ou 15 grammes de ce sel par litre du bouillon obtenu.

tera 750 grammes ou une livre et demie de légumes, tels que panais, carottes, oignons et
céleri; on y mettra ensuite trois clous de girofle, et une quantité suffisante de graisse de
pot ou de saindoux. Il ne restera plus qu'à
colorer le bouillon, comme de coutume, avec
un oignon grillé ou du caramel, et à faire mi-
joter ou bouillir légèrement le mélange, jusqu'à ce que la viande soit assez cuite. L'opération est alors achevée, et fournit, si elle a
été bien conduite, au moins 4 litres de bouillon
gras, les légumes cuits dans le pot, et environ
250 grammes ou une demi-livre de bouilli. On
a fait ainsi autant de bouillon gras qu'on
en pourrait obtenir avec 2 kil. ou 4 livres de
viande; on a donc économisé ou mis à part
1500 grammes ou 3 livres de viande, que l'on
peut faire rôtir ou apprêter de toute autre
manière, ou bien dont on peut employer la
valeur à l'achat de tout autre aliment plus
substantiel ou plus agréable que ne l'est la
viande bouillie. On voit combien l'emploi de la
dissolution gélatineuse, pour la préparation
du bouillon, présente peu de difficulté : quant
à s'en servir pour animaliser les alimens de nature végétale, la chose est encore plus simple,
puisqu'il n'y a alors qu'à employer la dissolu-

tion gélatineuse au lieu d'eau, pour opérer la cuisson de ces alimens, que l'on sale comme nous l'avons dit ci-dessus, et que l'on assaisonne, d'ailleurs, absolument comme on a coutume de le faire (1).

CHAPITRE VIII.

De la graisse que l'on extrait des os provenant de la viande de boucherie.

Lorsqu'on expose des os frais dans notre appareil, la vapeur qui agit sur eux fait entrer en fusion la graisse qu'ils contiennent, facilite sa sortie de l'intérieur de chacun des os, et chasse cette graisse au dehors des cylindres, par les robinets qui sont placés à leur partie inférieure. Cet effet a lieu dès le commencement de l'opération, et le dégraissage des os par ce procédé est sitôt achevé et si facile, que nous le regarderions comme étant très avantageux, s'il n'entraînait pas la perte d'une grande partie de la

---

(1) Il sera fort utile de consulter à ce sujet le Rapport de la Faculté de médecine, que nous avons cité en note au bas de la page 18, et surtout l'ouvrage de M. *Fournier*, ayant pour titre : *Essai sur la préparation des substances alimentaires* (1818).

graisse, en la convertissant en savon calcaire; mais la graisse que fournissent les os frais, ayant pour les hôpitaux la même valeur que le beurre, et devant même, selon les réglemens, y être employée de préférence, on conçoit combien il est important d'obtenir la plus grande quantité possible de ce produit. Il est donc essentiel déjà, sous ce rapport, de bien soigner l'opération dont il s'agit. Il en est de même relativement à la qualité de la graisse extraite des os, car elle est d'autant meilleure, comme substance alimentaire, qu'elle a été exposée à une température moins élevée; on a donc un double intérêt à ne pas dégraisser les os dans notre appareil. Nous n'hésitons pas, d'après ces considérations, à conseiller de dégraisser les os à part toutes les fois qu'on le pourra, avant de les mettre dans les cylindres, et en les traitant seulement par l'eau bouillante, comme on le fait ordinairement. En broyant bien les os avant cette opération, on obtiendra presque toute la graisse qui s'y trouve, et on évitera les inconvéniens dont nous avons parlé plus haut. Si, cependant, on se trouvait obligé d'opérer le dégraissage des os dans les cylindres mêmes, il faudrait alors n'y employer, comme nous l'avons déjà dit, que de la vapeur atmosphérique ou seulement de l'eau chauffée à 90 ou 95 degrés par le moyen de la vapeur. En prenant ces précautions, et en n'opérant que sur des os frais, sans mélange d'os de mouton ou d'os provenant de viande rôtie ou grillée, on obtiendra de la graisse ayant une saveur agréable, et qui conviendra bien pour l'assaisonnement des substances alimentaires : quant à la graisse que l'on obtiendra en traitant à part les os de mouton et ceux de viande rôtie ou grillée, on ne doit l'employer aux usages de la cuisine que lorsqu'on ne lui trouvera pas de saveur désagréable ; dans le cas contraire, on pourra s'en servir pour fabriquer du savon, ou la destiner à d'autres usages pour lesquels on recherche ordinairement cette espèce de corps gras. Si l'on voulait conserver la graisse extraite des os pour l'usage alimentaire, il faudrait la faire fondre au bain-marie, la passer dans un linge ou dans un tamis fin, pour en séparer les esquilles d'os, et la laver avec soin au moyen de l'eau chaude, pour en enlever toute la gélatine ; on aurait ensuite à exposer cette graisse au bain-marie pendant quelques instans, à la tirer à clair pour la séparer de l'eau sur laquelle elle surnagerait, et à la saler ou bien à la conserver, soit par le procédé d'*Appert*, soit en la renfermant dans des vessies bien préparées.

CHAPITRE IX.

Du résidu que donnent les os après être restés, pendant quatre jours, exposés, dans les cylindres, à l'action de la vapeur comprimée.

Ce que nous avons dit jusqu'ici indique que l'épuisement des os, en quatre jours de travail, dans l'appareil dont il s'agit, doit dépendre de leur texture, de la manière dont ils ont été broyés, de la tension de la vapeur employée, du plus ou moins de savon de chaux qui se forme dans les os frais, au moment où on les soumet à l'action de la vapeur, et de la manière dont la condensation de la vapeur s'opère dans les différentes parties de l'appareil. On conçoit, d'après cela, que toutes les conditions favorables doivent être réunies avec soin, si l'on veut obtenir de bons produits, et parvenir à extraire toute la gélatine et le plus de graisse possible des os renfermés dans les cylindres. Le résidu qu'on y trouve, après quatre jours de travail, est toujours très cassant, et même facile à réduire en poudre; ce résidu osseux, lavé à l'eau chaude et séché, contient souvent encore un peu de gélatine ; mais cette substance s'y trouve ordinairement en très petite proportion ; quelquefois les os ne fournissent plus d'ammoniaque à la distillation, et s'ils brûlent encore avec une légère flamme lorsqu'on les expose sous le moufle d'un fourneau à coupelle, c'est seulement en raison du savon de chaux qu'ils contiennent, et, presque toujours, sans dégager sensiblement l'odeur qui accompagne la combustion des substances azotées.

Les os, complétement épuisés de gélatine par le moyen de la vapeur, étant bien lavés, séchés et pulvérisés, se *mouillent* difficilement lorsqu'on les plonge dans l'eau ; on en sépare de la graisse, en les traitant par excès d'acide hydrochlorique, et l'essence de térébenthine en enlève du savon de chaux. Nous avons analysé un grand nombre d'échantillons de ce résidu osseux ; le plus épuisé que nous ayons trouvé contenait par quintal :

Résideux terreux 92
Matière combustible. . . 8
———
100

ce qui indique que l'on avait converti en savon

de chaux, et par conséquent perdu, environ 4 ou 5 kilogrammes de graisse par quintal métrique des os d'où provenait ce résidu.

Les os sortant de l'appareil n'étant pas toujours aussi complétement épuisés, et contenant, d'ailleurs, tout leur phosphate de chaux, et une quantité très notable de savon calcaire, pourraient peut-être servir d'engrais, ou au moins d'amendement, pour les terres où l'on cultive les céréales. Il est à désirer que d'habiles agriculteurs veuillent tenter quelques essais, dans le but de résoudre cette intéressante question (1). Si ces essais ne donnaient point

---

(1) Nous avons pris 100 kilogrammes de ce résidu osseux, contenant, au cent, 10 de matière combustible, et ne donnant que très peu d'ammoniaque à la distillation ; 5o kilogrammes de ce résidu ont été enfouis au pied d'un arbre à 3 décimètres de profondeur, et les 5o autres kilogrammes ont été éparpillés sur un sol fréquemment arrosé. Nous avons analysé, sept années de suite, des échantillons moyens de ces os, sans remarquer de changement notable dans leur constitution ; nous continuons à suivre cette expérience, dont le résultat paraît devoir être fort décourageant ; peut-être obtiendrait-on plus de succès en employant ce résidu osseux comme simple amendement, après l'avoir réduit en poudre fine, ce qui se ferait avec la plus grande facilité.

de bons résultats, il resterait à employer le résidu dont il s'agit pour la préparation du phosphore ; pour la fabrication des coupelles, qui en serait grandement améliorée ; pour le polissage des métaux, et, en y remplaçant la gélatine par une matière combustible azotée, telle que du savon, à base de soude ou de potasse, fait avec de vieux cuir, des muscles d'animaux, des débris de poissons, etc. ; à tenter de les rendre propres à être convertis, par le moyen de la calcination à vase clos, en charbon décolorant de bonne qualité.

CHAPITRE X.

De la production de la vapeur dont on a besoin pour extraire la gélatine des os renfermés dans les cylindres.

Les moyens les plus économiques de se procurer la vapeur dont on a besoin pour faire fonctionner l'appareil dont il s'agit sont, sans contredit, de le joindre aux chaudières à vapeur d'une machine à feu, d'un chauffage à la vapeur, ou de tout autre appareil nécessitant l'emploi continuel de la vapeur d'eau, ou bien d'utiliser à cet effet la chaleur perdue partout où l'on brûle du combustible pour n'opérer

4

qu'à la chaleur rouge, comme cela a lieu dans tous les arts où les opérations se pratiquent à cette haute température. C'est ainsi, par exemple, que l'on peut obtenir de la vapeur d'eau presque gratuitement dans les forges, dans les verreries, dans les fonderies où l'on fait usage des fours à réverbère, des fourneaux de cémentation, du fourneau à manche, ou du fourneau à coupelle. Il en est de même dans les usines d'éclairage, et près des fours à chaux à travail continu. Lorsqu'aucun de ces moyens économiques ne sera applicable, il faudra alors produire la vapeur dont on aura besoin, au moyen d'une chaudière destinée seulement à cet usage. Voici quelles seront, dans ce cas, les règles à suivre pour l'établissement de cet appareil.

Sachant combien de litres de dissolution gélatineuse on voudra obtenir par jour, on connaîtra la quantité d'os qu'il faudra employer par vingt-quatre heures; on calculera la capacité des cylindres d'après cette donnée, que l'hectolitre d'os concassés en menus morceaux pèse 48 kilogrammes. Chaque cylindre ayant en hauteur, par exemple, trois fois son diamètre, il sera facile d'en calculer la surface : cette mesure, connue, conduira à la détermination de la quantité de vapeur dont on aura besoin, et, par suite, à la fixation des dimensions à donner à la chaudière à vapeur et à son fourneau.

Supposons, par exemple, que l'on ait à faire établir un appareil semblable à celui qui fonctionne maintenant à l'hôpital de la Charité, et qui doit produire environ mille rations gélatineuses par jour, il faudrait que chaque cylindre eût 1 mètre de hauteur sur 0^m,333 de diamètre, afin qu'il pût cuber 84 litres, et contenir environ 40 kilogrammes d'os. Chacun de ces cylindres, ayant à peu près 1 mètre carré de surface exposée à l'air, condenserait environ 1500 grammes d'eau par heure ; il faudrait réduire en vapeur à peu près 6 kilogrammes d'eau par heure pour faire fonctionner à la fois les quatre cylindres. On arriverait à ce but au moyen d'une chaudière dont le fond aurait 10 décimètres carrés de surface, et sous laquelle on brûlerait 1 kilogramme de houille de bonne qualité par heure ; mais l'expérience ayant prouvé qu'une chaudière d'une aussi petite capacité exigerait trop de soins pour produire régulièrement la quantité de vapeur indiquée, et sachant d'ailleurs qu'il faut produire momentanément une grande quantité de vapeur pour porter les os à la température convenable, après les avoir

4.

introduits dans l'appareil, nous conseillons de tripler la capacité de la chaudière dont il s'agit, et nous recommanderons en outre d'en régulariser le chauffage au moyen de l'ingénieux appareil inventé par M. *Bonnemain*, et connu sous le nom de *regulateur du feu* (1), ou en faisant usage du procédé ordinairement employé pour régler la combustion dans les fourneaux des machines à vapeur bien organisées (2).

Nous terminerons ce chapitre en faisant observer qu'il faut éviter avec soin de charger les chaudières à vapeur dont on veut se servir pour extraire la gélatine des os avec de l'eau croupie ou chargée de sels ammoniacaux, et que l'on ne doit même employer, pour s'opposer à la formation de dépôts compactes dans ces chaudières, que des substances ne pouvant fournir aucune mauvaise odeur à la vapeur qui y est produite : on sent, en effet, que s'il en était autrement, on courrait risque d'obtenir des dissolutions gélatineuses ayant une saveur désa-

---

(1) Voyez la description de ce régulateur dans le *Bulletin de la Société d'Encouragement*, tome XXIII, p. 238.

(2) Cet appareil se trouve décrit dans le *Traité de la chaleur*, publié par M. *Péclet*. (Voyez tome II, page 191, et *Pl* 13 de cet ouvrage, *fig.* 102.)

gréable, et peut-être même tout à fait impropres à la nourriture de l'homme (1).

CHAPITRE XI.

Des différentes applications que l'on peut faire de l'appareil décrit dans ce Mémoire.

Nous avons rassemblé dans ce qui précède tout ce qu'il nous a paru utile de dire relativement à la construction de l'appareil dont il s'agit, et aux précautions à prendre pour en obtenir constamment de bons résultats. Il ne nous reste plus qu'à indiquer les principales applications que l'on peut faire de cet appareil : nous allons traiter cette partie de la question avec tout le soin qu'elle nous paraît mériter.

Pour réunir en un seul exemple les usages auxquels on peut appliquer notre appareil, nous le supposerons établi à bord d'un vaisseau naviguant sur mer par le moyen de la vapeur, et nous supposerons ce bâtiment approvisionné

---

(1) Nous avons vu en 1814, à la suite de l'invasion des troupes étrangères, l'eau du canal de l'Ourcq tellement chargée de sels ammoniacaux, que l'on fut obligé de cesser de donner des bains de vapeur, au moyen de cette eau, dans le grand appareil de l'hôpital Saint-Louis.

d'os enrobés de gélatine et rendus conservables par ce procédé.

Si cet appareil avait les dimensions de celui qui est établi à l'hôpital de la Charité, et qui a en tout 4 mètres carrés de surface, il est évident qu'en laissant les quatre cylindres vides, mais fermés, on pourrait, en y introduisant la vapeur provenant de la chaudière alimentée avec l'eau de la mer, obtenir des quatre cylindres, suivant qu'on y condenserait la vapeur au moyen de l'air ou de l'eau, 6 litres ou 400 litres d'eau potable par heure.

En plaçant des os concassés dans les quatre cylindres, comme nous l'avons expliqué dans les chapitres précédens, on obtiendrait, au lieu d'eau distillée et potable, environ mille rations de dissolution gélatineuse par vingt-quatre heures, et on aurait ainsi le moyen d'économiser les trois quarts de la viande dans la préparation du bouillon gras, et d'*animaliser* les soupes maigres et tous les alimens de nature végétale que l'on fournirait à l'équipage. Il suffirait en effet, pour cela, d'employer, comme nous l'avons déjà dit, cette dissolution gélatineuse, au lieu d'eau, dans la préparation de ces diverses substances alimentaires.

On a vu que l'appareil dont il s'agit pourrait

fournir de la dissolution de gélatine sans saveur, assez concentrée pour se prendre en gelée par refroidissement, et convenable pour la préparation des gelées aromatisées avec les sirops de rhum, de citron, d'orange, etc. On conçoit facilement tout l'avantage qui résulterait pour l'équipage de l'application de ce procédé, qui améliorerait le régime alimentaire du marin, tout en y introduisant une espèce de luxe auquel les matelots ne sont pas accoutumés.

L'appareil dont nous parlons pourrait encore être employé pour cuire les légumes à la vapeur (1); car il suffirait pour cela de placer des légumes au lieu des os dans les paniers de fil de fer, et de les exposer pendant trente ou quarante minutes à l'action de la vapeur dans les cylindres. Nous dirons enfin que cet appareil

---

(1) Nous n'avons pas voulu parler dans ce Mémoire de l'usage que l'on pourrait faire de notre appareil pour blanchir le linge à la vapeur, pour faire rouir le chanvre et le lin, et enfin pour y obtenir, au moyen des os sales, des dissolutions gélatineuses qui pourraient servir à animaliser des résidus de betteraves et de pommes de terre, ou les autres substances végétales dont on fait usage pour engraisser les animaux qui servent à la nourriture de l'homme : nous nous occuperons plus tard de ces applications.

peut aussi être considéré comme un moyen de chauffage puissant et bien convenable, soit pour entretenir une température agréable dans l'intérieur du vaisseau pendant l'hiver, soit pour y établir une étuve destinée, lors des mauvais temps, à faire sécher les vêtemens de l'équipage. L'appareil dont nous parlons, ayant 4 mètres carrés de surface, peut en effet élever continuellement de vingt degrés centigrades la température d'une salle ayant 240 mètres cubes de capacité. On voit donc, en résumant ce qui vient d'être dit, que notre appareil, placé dans un bâtiment naviguant sur mer par le moyen de la vapeur, pourrait fournir à l'équipage de l'eau distillée et potable, de la dissolution gélatineuse égale en force au meilleur bouillon à la viande, de la dissolution de gélatine plus concentrée et propre à la préparation des gelées alimentaires; que cet appareil pourrait aussi être employé pour faire cuire les légumes à la vapeur, et servirait en outre, dans tous les cas, à échauffer soit l'intérieur du vaisseau, soit une étuve qui y serait construite pour le service de l'équipage.

C'est sans doute à bord des bâtimens naviguant sur mer par le moyen de la vapeur que l'emploi de notre appareil peut présenter le plus d'avantage; mais son utilité ne sera pas beaucoup moins grande en l'établissant là où se trouve une machine à vapeur ou une chaudière à vapeur en activité. Or, il est peu de grandes manufactures qui n'aient ou un chauffage à la vapeur, ou une pompe à feu pour le service de ses ateliers. On pourra d'ailleurs le faire fonctionner sans grande dépense, en faisant usage pour cela d'une chaudière à vapeur construite exprès et ne servant qu'à cet usage, comme nous l'avons expliqué précédemment. Nous pourrions parler ici de l'utilité qu'il y aurait à établir dans les grandes villes des chauffoirs publics servant en hiver de refuge, et citer avec avantage, à ce sujet, les facilités que notre appareil fournirait pour réaliser ce vœu de la philantropie, puisqu'il procurerait, dans ce cas, et la chaleur nécessaire et une nourriture aussi salubre qu'abondante. Nous pourrions insister aussi sur la nécessité d'animaliser les soupes économiques, et enfin sur la convenance de notre appareil pour préparer des bains gélatineux; mais nous ne nous appesantirons pas davantage sur les avantages du procédé que nous proposons : ce que nous avons dit en parlant de la conservation des os ; la nécessité ou la convenance qu'il y a d'*animaliser* les substances végétales servant à la nourriture de l'homme; l'amélioration évidente que l'emploi de notre appareil peut apporter dans le régime alimentaire de la marine, des hôpitaux, et, en général, de toutes les grandes réunions d'hommes; les bénéfices que l'Administration peut trouver en employant les os comme substance nutritive, tout doit nous faire espérer que le travail que nous publions ne sera pas sans influence sur l'amélioration du sort de la classe la moins fortunée et la plus nombreuse de la société ; c'est ce motif qui nous a guidé : arriver à ce but serait pour nous la plus belle des récompenses.

CHAPITRE XII.

Légende explicative des figures jointes à ce Mémoire.

Nous allons décrire avec soin les figures qui composent les deux planches que nous joignons ici : la lecture de cette légende fera facilement comprendre au lecteur les passages qui pourraient ne pas lui paraître assez développés dans les chapitres précédens.

(59)

Fig. 1 , *a* , élévation du billot dans lequel est encastrée la plaque de fonte taillée en pointes de diamant sur laquelle on casse les os.

b , plan de ce billot et de la plaque de fonte, qui y est fixée solidement.

c , plan du cadre en bois dont on entoure la plaque de fonte pour y retenir les os au moment où on les soumet à l'action de la masse que l'on voit à la *fig.* 2.

d , élévation de ce cadre.

Fig. 2 , masse en bois dur, garnie en dessous d'une plaque de fonte taillée en pointes de diamant, ou d'un grand nombre de clous à têtes saillantes et pointues. Cette masse sert à casser les os placés sur le billot que l'on voit à la *fig.* 1.

Fig. 3. Coupe générale d'un des quatre cylindres composant notre appareil. Voici la description des parties principales qu'on y doit remarquer : A, corps du cylindre; *a* , tuyau faiblement incliné, apportant la vapeur d'une chaudière à vapeur quelconque aux quatre cylindres; il faut que l'eau condensée dans ce tuyau puisse retourner à la chaudière, ou au moins ne puisse pas couler dans les cylindres.

b, tuyau particulier conduisant la vapeur dans le cylindre A.

cc, continuation du tuyau *b*. Le tuyau *c* descend en dehors et le long du cylindre A, et conduit la vapeur jusque dans le fond de ce cylindre.

d, robinet placé sur le tuyau *b*, et servant à régler l'introduction de la vapeur dans le cylindre A.

e, Raccordement à vis servant à réunir les tuyaux *b* et *c*, et facilitant à volonté l'enlèvement des cylindres, leur réparation ou leur nettoyage.

(Les tuyaux *a*, *b* et *c* doivent être garnis avec soin de lisière épaisse, pour empêcher leur refroidissement.)

f, robinet placé à la partie inférieure du cylindre, pour l'écoulement de la dissolution gélatineuse.

g, Tubulure placée au centre du couvercle du cylindre, pour y placer à volonté un thermomètre ou un manomètre.

h, couvercle du cylindre. Ce couvercle se réunit à la bride du cylindre en mettant entre deux une rondelle de carton, une corde *épissée*, de la lisière ou un ruban, et en comprimant les bords du couvercle *h* contre la bride du cylindre, au moyen de l'anneau dont on voit la coupe en *i*, et dont on trouve les détails en *a*, *b* et *c*, *fig.* 5.

L'eau pure attaquant tous les métaux, il est essentiel de n'employer que des métaux salubres dans la construction des récipiens dont il s'agit ; il faut donc que le tuyau *c c*, qui a sa pente du côté de l'appareil, et que les quatre cylindres soient fabriqués en étain pur, en tôle bien étamée, ou, mieux, en tôle doublée d'une feuille d'étain de deux ou trois millimètres d'épaisseur ; il faut surtout y éviter la présence du cuivre et du plomb, afin de rendre ces appareils parfaitement salubres : nous ajouterons qu'ils doivent être construits assez solidement pour pouvoir résister en cas de besoin à la pression atmosphérique. On conçoit que le rapport à établir entre la hauteur et le diamètre des cylindres doit varier suivant la quantité de gélatine que l'on veut avoir en dissolution dans l'eau condensée. En effet, plus le cylindre aura de surface relativement à son cube, plus il condensera d'eau par heure, et moins il contiendra d'os, et réciproquement : c'est au constructeur à avoir égard aux conditions qui lui seront imposées ; il les remplira toujours facilement, surtout en se rappelant qu'il peut aug-

menter la condensation en peignant les cylindres en couleur mate et brune , et la diminuer,
au contraire, en les couvrant d'enveloppes de
laine d'épaisseur convenable ; mais revenons à
la description des figures.

Fig. 6. Élévation du panier garni de toile
métallique en fil de fer étamé ; c'est dans ces
paniers que se placent les os qui doivent être
exposés à l'action de la vapeur dans les cylindres ; on voit en *a* l'anse par laquelle on enlève
le panier chargé d'os au moyen de la poulie
mouflée *o* , *fig.* 2 et 3, *Pl.* II, quand il s'agit
de le placer dans un cylindre, ou de l'en retirer après l'épuisement des os.

Fig. 7 , *a* , capsule en fer-blanc pouvant servir de couvercle aux cylindres, et s'y appli-
quant, comme on le voit en *b* , au moyen de
l'anneau, *fig.* 5, ou comme le représente la
fig. 8.

La capsule *a* sert à essayer la dissolution de
gélatine pour en reconnaître la force ou la richesse ; il suffit, pour cela, de peser avec soin
cette capsule, de la placer sur le cylindre, d'y
mettre un demi-litre de la dissolution de gélatine
dont on veut déterminer le titre, de laisser évaporer la liqueur à sec, et de repeser la capsule ;
l'augmentation de poids représente la quantité

de gélatine sèche contenue dans un demi-litre de dissolution. L'usage de ce couvercle concave présente en outre l'avantage que l'eau produite par la vapeur qui se condense sur sa surface inférieure se réunit à son centre, et vient tomber sur les os au lieu de couler le long de la paroi intérieure du cylindre, comme cela a lieu lorsqu'on fait usage des couvercles convexes que l'on voit en *h, fig.* 3 et 8.

Fig. 8. Mode de fermeture employé et recommandé par M. *Derosne*. Ici le couvercle est réuni à la bride du cylindre au moyen d'une espèce de pince en fer ayant la forme de l'ustensile en bois que les blanchisseurs nomment *épingle,* et dont ils se servent pour attacher le linge mouillé aux cordes de leurs étendages. On place ces pinces autour du couvercle, et on en augmente le nombre jusqu'à ce qu'on soit arrivé à éviter ainsi toute perte de vapeur.

Fig. 9. Outil servant à enlever du fond des cylindres, après chaque opération, les esquilles d'os, et les autres débris qui peuvent y tomber ; on voit en *a* l'élévation, et en *b* le plan de cet outil.

Planche II.

Fig. 1. Plan général de l'appareil.

Nous allons décrire les parties qui le composent en parlant des *fig.* 2, 3 et 4.

Fig. 2. Élévation générale de l'appareil. On y voit en A, B, C, D les quatre cylindres placés de front sur une banquette en bois, élevée au dessus du sol de $0^m,5$. Les cylindres sont fixés solidement sur cette table, par leur partie inférieure, au moyen de quatre vis à bois, que l'on voit en $d, d, fig.$ 1. La vapeur passe, de la chaudière où elle est produite, dans les quatre cylindres, en suivant le tuyau a, a. On voit en g les tubulures des couvercles h, et en i les brides annulaires, qui réunissent les couvercles aux cylindres.

p représente le manomètre, qui indique la tension de la vapeur dans l'appareil ; on peut substituer, à volonté, à cet instrument un thermomètre marquant jusqu'à 110 ou 115 degrés centigrades.

On voit en e, à chaque cylindre, l'étiquette mobile qui y est attachée, et qui sert à indiquer l'ordre des chargemens. Les robinets f versent la dissolution de gélatine, ou dans la gouttière générale m, m, d'où elle coule dans le vase b, ou bien dans les petites gouttières mobiles n, n, dont nous parlerons plus en détail en donnant la description de la *fig.* 4.

Fig. 3. Élévation de l'appareil vu de profil.

Le panier rempli d'os est ici représenté élevé au dessus du cylindre dans lequel il doit être placé : on voit comment se pratique cette opération, au moyen de la poulie mouflée *o*, et on distingue bien, dans ce dessin, comment la vapeur qui arrive de la chaudière est conduite par les tuyaux *a*, *b*, *c*, *c*, jusque dans le fond du cylindre. Les lettres *f*, *m* et *n*, représentent le robinet, la gouttière générale et la gouttière mobile, qui servent à retirer la dissolution de gélatine de dedans le cylindre, et à la conduire dans les récipiens destinés à la recevoir.

Fig. 4. Vue de profil, sur une échelle double, du robinet *f* et des gouttières *m* et *n* : on voit bien ici comment la gouttière *n*, étant mobile sur son tourillon *o*, peut servir à conduire à volonté la dissolution de gélatine qui coule par le robinet *f*, soit dans la gouttière générale *m*, soit en dehors de cette gouttière, et dans un autre vase que le seau *b*, *fig*. 2 et 3. Cette gouttière mobile est d'un usage fort commode. En effet, elle sert à ne pas mélanger dans la dissolution de gélatine pure que l'on reçoit dans le vase *m* les eaux de lavage des os, ou la première portion de graisse qui coule au moment où l'on vient de charger un cylindre. Cette gouttière mobile sert encore à rejeter au dehors l'eau de lavage des cylindres lorsqu'on les nettoie, ou l'eau condensée qui s'accumule dans les cylindres, lorsqu'on y cuit des légumes au moyen de la vapeur.

Nous terminerons ici la description des figures que nous avons cru devoir joindre au texte, nous espérons n'avoir rien oublié d'essentiel; nous conseillons d'ailleurs d'étudier cette description, avant de prendre connaissance du mémoire, afin d'en bien comprendre tous les détails dès la première lecture.

MÉMOIRE

SUR LES

APPLICATIONS DANS L'ÉCONOMIE DOMESTIQUE

DE

LA GÉLATINE EXTRAITE DES OS

AU MOYEN DE LA VAPEUR ;

Par M. A. DE PUYMAURIN,

DIRECTEUR DE LA MONNAIE ROYALE DES MÉDAILLES.

Papin est le premier physicien qui, en 1681, s'occupa du moyen d'extraire des os une substance alimentaire. Son appareil, modifié de diverses manières, a reçu les plus importantes applications dans l'industrie ; il a été peu employé dans l'économie domestique : les dangers qu'il pouvait offrir le classèrent au nombre des instrumens de laboratoire plus propres à des recherches scientifiques qu'à un usage journalier (1). Ce n'est que vers la fin du dix-huitième

---

(1) *Papin* se servait de la machine connue sous le nom de *digesteur* ou de *machine à Papin.* Il mesurait le degré de

siècle et le commencement du dix-neuvième
que l'on a cherché des moyens moins compli-

---

chaleur au moyen de la tension qu'éprouvait une soupape
et le rapport du poids dont elle était chargée avec la surface de l'orifice du trou. Il parvint ainsi à évaluer exactement la pression produite dans son appareil et à déterminer son rapport avec celle de l'atmosphère. Il chercha ensuite le rapport qui pouvait exister entre cette même pression et le temps nécessaire à l'évaporation d'une goutte
d'eau placée à la partie supérieure de son digesteur. Un
pendule lui servait à mesurer le temps, et le nombre de ses
oscillations était en raison inverse de la pression. Il mettait dans son appareil une quantité d'eau à peu près égale
en poids à celle des os. Une partie de l'eau formait de la vapeur, et le reste montait à une haute température. Ce procédé offrait un danger continuel pour l'opérateur *, et l'in-

* *Papin* avait inventé la soupape de sûreté, comme on le voit
plus haut : le peu de capacité de son digesteur et sa soupape
ont pu prévenir beaucoup d'accidens; mais l'expérience acquise
depuis cette époque ne permet pas de douter que son digesteur,
construit sur une grande échelle, ne serait une machine fort
dangereuse. *Papin* avait introduit dans son digesteur une modifi-
cation qui a le plus grand rapport avec celle qu'on lui a donnée
il y a quelques années dans le vase connu sous le nom d'*autoclave*.
« *Je voulus en faire un autre*, dit-il (page 14), *fermé sans vis par*
» *le moyen d'une grande soupape ovale, qui peut pourtant s'ôter*
» *tout à fait à cause de sa figure ovale, etc..... J'y ai cuit les*
» *plus gros os de bœuf sans brûler la viande.... Si l'on faisait cette*
» *machine avec une soupape assez forte pour pouvoir la garnir de*
» *papier, cette manière vaudrait bien l'autre; on serait assuré*
» *que plus la pression serait forte au dedans, tant plus fort la sou-*
» *pape serait fermée.* »

qués pour utiliser les principes nutritifs que *Papin* avait découverts (1). Déjà des ébullitions prolongées avaient offert des résultats satisfaisans lorsque M. *D'Arcet*, enlevant, par des acides, les sels calcaires qui font partie des os, créa le nouvel art d'en extraire la gélatine. C'était rendre un service important à l'humanité, à l'économie domestique, et acquérir un titre à la reconnaissance publique. Ce savant prit ensuite un brevet d'invention et de perfectionnement pour un procédé de l'extraction de la gélatine des os par la vapeur, et ce sont

---

convénient de provoquer la formation d'une certaine quantité d'ammoniaque, de savon, de chaux, etc., et d'altérer ainsi la qualité de la gélatine. *Papin* s'en était aperçu ; car il dit en parlant de la corne de cerf, *qu'après avoir fait cinq fois son poids de gelée, elle se change encore presque toute en substance fort semblable à du fromage, et dont on ne saurait manger qu'en petite quantité* *.

(1) Parmi les recherches faites à cette époque on doit remarquer les travaux de MM. *Grenet*, *D'Arcet* père, *Proust, etc. ;* enfin les nombreuses publications de M. *Cadet de Vaux.*

* Ce passage, ainsi que tous ceux qui sont cités dans ce Mémoire, sont extraits de l'ouvrage de *Papin*, intitulé : *La Manière d'amollir les os et de faire cuire toutes sortes de viandes en fort peu de temps et à fort peu de frais.* Chez *Henry Desbordes*, à Amsterdam, en MDCLXXXVIII.

les résultats de l'application de ce procédé qui feront le sujet de ce Mémoire (1).

---

(1) La durée de ce brevet d'invention et de perfectionnement, en date du 7 mars 1817, est expirée.

M. *D'Arcet* emploie par des moyens différens le même agent que *Papin* pour retirer des os des substances alimentaires. De sages précautions font disparaître les causes d'un accident. La tension ou la température de la vapeur ne peut varier que fort peu, et elle est calculée de manière à enlever aux os leur graisse et leurs principes nutritifs sans pouvoir former d'ammoniaque, etc. ; enfin tous les phénomènes qui ont lieu sont expliqués, les accidens sont prévus et les moyens d'y remédier sont également indiqués.

On trouve dans le *Register of the Arts and Sciences* (vol. III, page 313, 1826) et dans le *Bulletin* de la Société d'Encouragement, vingt-deuxième année (1823), p. 74, les détails du procédé employé par *Charles Yardley* pour extraire la gélatine des os. Il se sert d'une grande sphère ou globe en tôle ou en fonte : les os sont placés dans l'intérieur, et une grille les empêche d'arriver dans la partie inférieure. Cette sphère roule sur deux tourillons ; un d'eux est creux et sert de conduit à la vapeur : son mouvement de rotation met constamment les os en contact avec la gélatine, au fur et à mesure qu'elle se forme. On la retire ensuite par un robinet placé au dessous de la grille; on la verse de nouveau dans la sphère après l'avoir dégraissée, et on l'y laisse jusqu'à ce qu'elle ait acquis le degré de concentration convenable. *Charles Yardley* la clarifie ensuite

La préparation par les acides ne pouvait avoir lieu qu'en grand, dans une usine spéciale et par l'emploi de diverses manipulations : le choix des os, les soins qu'exigeaient la propreté et la salubrité, tout en un mot reposait sur la confiance que pouvait inspirer le chef de l'établissement et sur sa plus ou moins grande aptitude; et quoique les matières premières eussent disparu pour se transformer en produits nouveaux, la masse des consommateurs ne pouvait vaincre une défiance qui paraissait en partie fondée. Des motifs puissans luttaient contre le succès de cette découverte, et ils concouraient tous à fortifier la répugnance que devait inspirer une substance dont les premiers élémens pouvaient provenir de tant de sources diverses. Cependant ces préjugés s'affaiblissaient de jour en jour lorsque des circonstances

---

avec un peu d'alun, et en forme des tablettes qu'il fait sécher à l'air. La pression de la vapeur est de 15 livres par pouce anglais; ce qui répond à peu près à 8 dixièmes et demi d'atmosphère.

Ce procédé me paraît avoir le grave inconvénient de combiner avec la gélatine une très grande quantité de phosphate et de carbonate de chaux : le froissement continuel des os entre eux et contre les parois de la sphère doit inévitablement amener ce résultat.

entièrement étrangères en ont arrêté le développement.

Le nouveau procédé fait disparaître les manipulations compliquées qu'exigeait l'emploi
des acides; il est à la portée de tous, peut être
établi partout, et le même appareil peut utiliser le produit au fur et à mesure de sa formation : la gélatine obtenue par la vapeur est en
dissolution dans l'eau, elle est employée direc-
tement à sa sortie des cylindres, et l'on peut
à volonté varier le titre du liquide et le porter
à la consistance des gelées. Ce produit se fait
sous les yeux du consommateur; il a pu choisir
les os, les laver, connaître leur origine; aucune
substance acide ne peut plus exciter ses craintes; le consommateur devient producteur, et
il peut proportionner ses précautions et ses recherches à la délicatesse de son goût : dès lors
toute répugnance, tout dégoût, toute objection
doivent cesser, toute manipulation a disparu.
Les dépenses sont l'achat des os et la production de la vapeur, objets si minimes, que le
prix du demi-litre de substance alimentaire non
aromatisée (valeur de la graisse non déduite)
ne coûte que 0,83 centièmes de centime; tandis
que, par l'emploi de la gélatine en tablettes, la
même quantité coûterait 5 centimes environ.

Ce nouveau procédé offre à l'humanité une nourriture saine, d'une préparation facile et qui prévient toute répugnance; il peut procurer à l'économie domestique des ressources inconnues et incalculables (1); il offre aussi à la bienfaisance le moyen de multiplier ses secours.

Ce procédé est essentiellement applicable aux hôpitaux, aux bureaux de distribution de secours en nature, aux fabriques, aux corps militaires sédentaires; il peut même être employé dans les villes de garnison, les équipages des vaisseaux, les ateliers de la marine, en un mot dans toutes les réunions d'hommes que leur position sociale oblige à rechercher les moyens les plus économiques.

Avant d'examiner le mode le plus convenable pour ces diverses applications, je crois devoir rendre compte de celle que j'ai faite moi-même et des résultats que j'ai obtenus. J'examinerai ensuite la question sous le rapport sanitaire et sous le rapport moral; je terminerai cet exposé par des considérations générales et par la description d'un appareil que j'ai construit,

____

(1) La viande de boucherie seule fournit, à Paris, 10 millions de kilogrammes d'os ; ce qui donne huit cent mille bouillons par jour environ.

et dans lequel, tirant parti de toutes les connaissances acquises, je me suis efforcé de réunir les conditions que la salubrité, la sûreté, l'économie, la propreté, le défaut d'emplacement, etc., m'imposaient impérieusement.

Les relations d'amitié que je m'honore d'avoir avec M. *D'Arcet* m'ont mis à même, dès le principe, de m'occuper de l'application de ce procédé. Placé, sous ce rapport, d'une manière avantageuse, je me rendis compte du parti que je pourrais en tirer pour améliorer la position des ouvriers de la Monnaie des médailles : tout était à créer, et cela était d'autant plus difficile, que les préjugés existans contre la gélatine déjà dans le commerce, la défiance naturelle d'une certaine classe contre les innovations qu'elle n'est pas à même d'apprécier, enfin les ressources des ouvriers eux-mêmes, présentaient plus d'obstacles.

Les circonstances me secondant, je hasardai les premières ouvertures : je développai peu à peu mon projet, j'annonçai les résultats ; et quand je fus assuré de trouver une bonne volonté assez générale, je fis faire des soupes et des ragoûts pour ceux qui me paraissaient le mieux disposés. Ces alimens furent trouvés bons et dégustés par le plus grand nombre. J'augmentai de jour en jour mes distributions, et je les portai au point de suffire à la presque totalité des ouvriers; je continuai à agir ainsi pendant plus de quinze jours; je recevais des témoignages non douteux d'approbation, et je voyais cette innovation utile s'acclimater de jour en jour.

Quoique toutes ces distributions eussent été gratuites, je n'en avais pas moins tenu un compte exact de mes dépenses; le résultat offrait 7 centimes environ par tête et par jour : pour cette somme chacun avait eu un demi-litre de bouillon, pour tremper la soupe à neuf heures, et un demi-litre de ragoût de légumes (choux, haricots, lentilles, pommes de terre, etc.), à deux heures.

Je les engageai alors à s'organiser en ordinaire, comme font les soldats, et à prendre, dans l'intérieur de l'établissement, une nourriture saine, succulente et dont le prix était si modique. J'établis un parallèle entre les alimens qu'ils prenaient à l'auberge et ceux qui leur étaient offerts; entre les dépenses nécessitées précédemment pour leur nourriture et les économies qu'ils pouvaient désormais réaliser. L'ordinaire s'organisa, et son premier

acte constitutif fut de nommer son cuisinier (1).
On régla ensuite les tours de corvée, l'heure
à laquelle elle serait faite et le mode à suivre
dans les distributions. J'ai, dans tous les détails de cet établissement, évité d'employer
d'autre moyen que la persuasion ; je me suis
appliqué à faire naître les diverses impulsions,
que j'avais soin de diriger pour arriver plus
sûrement à mon but.

Chaque homme en entrant à l'ordinaire reçoit un numéro ; ce numéro sert à établir les
tours de corvée et l'ordre de la distribution ;
la corvée est pour la journée et se fait aux
heures des repas. Le matin on prépare les légumes pour le ragoût de deux heures ; et à deux
heures, ceux qui sont destinés à la soupe du
lendemain matin. Les numéros servent aussi à
appeler les ouvriers au moment de la distribution, et l'on a soin de suivre leur ordre, de
manière que celui qui a été servi le premier
un jour soit le dernier le lendemain, l'avant-

----

(1) L'expérience m'a appris que le choix du cuisinier,
fait entre camarades, est une condition importante pour
le succès, parce qu'un chef d'administration peut ignorer,
sous le rapport sanitaire, beaucoup de détails qui ne peuvent rester cachés entre camarades.

dernier le jour suivant et ainsi de suite. Chaque homme a un certain nombre de jetons marqués de son numéro : les uns sont en cuivre rouge, les autres en cuivre jaune. Les premiers représentent une ration, les autres une demiration. Il en résulte que chacun peut à sa volonté prendre une plus ou moins grande quantité de nourriture et ne paie que suivant sa consommation : un tronc, dont le chef d'atelier garde la clef, est placé dans le lieu des distributions, et chacun recevant sa ration met ostensiblement dans ce tronc le jeton ou les jetons représentant la quantité qu'il a reçue. On procède chaque samedi, en présence du chef d'atelier, au recensement des jetons et chacun les retire en payant leur valeur représentative, fixée d'après les dépenses de l'ordinaire pendant la semaine.

Les ouvriers peuvent consommer au dehors les alimens préparés dans l'intérieur et il leur est permis d'en prendre pour leur famille. Plusieurs ont adopté ce genre de vie économique, et les avantages de cette institution se répandent ainsi au dehors. Ceux qui logent fort loin peuvent même emporter le soir de la gélatine dissoute dans de l'eau, telle qu'elle sort des cylindres, et les préparations partielles ont lieu dans leur intérieur : cette mesure leur procure l'avantage de réaliser des économies le diman-che, ou du moins de diminuer la quantité du bœuf bouilli, et donne aux familles la facilité de varier alors leurs mets.

Je crains que tous ces détails ne paraissent trop longs, trop minutieux ; j'ai cru cependant qu'il était important de les donner : je mar-chais dans une route nouvelle, entièrement inconnue ; de nombreuses difficultés se sont présentées ; chaque jour amenait de nouvelles observations, j'ai dû tirer parti de celles qui étaient fondées, satisfaire tous les intérêts, qui sont peut-être d'autant plus exigeans, que leur importance réelle est moindre.... Je suis parvenu par ces moyens au but que je me pro-posais ; j'ai pensé qu'il était utile de les indi-quer, afin que mon expérience ne fût pas per-due pour les propriétaires de fabriques et pour les personnes qui, par un motif de charité chré-tienne, voudraient mettre les classes indigentes à même de profiter de cette précieuse décou-verte.

Je crois utile de donner les prix détaillés de la soupe et de divers alimens au moyen desquels on peut varier la nourriture. Ces prix sont établis d'après une expérience de deux mois (février et mars) et les observations les plus exactes. Il n'est pas inutile de remarquer que ces prix ont été calculés pour une saison où la rareté des légumes contribue beaucoup à les augmenter (1).

------

(1) La main-d'œuvre et le combustible n'y sont pas compris, parce que le travail se fait, comme je l'ai dit, par corvée, et que l'appareil est construit de manière à n'exiger aucune surveillance. Une base générale peut servir à évaluer la consommation du combustible ; on doit compter un kilogramme de houille ou de charbon de bois par 5 ou 6 litres d'eau volatilisée. On peut évaluer la main-d'œuvre d'une femme avec sa nourriture à 1 fr. 25c., mais je dois faire observer que, pour 1 fr. 25 c., on pourrait faire préparer une quantité d'alimens quatre fois plus considérable que ceux qui sont journellement consommés à la Monnaie des médailles.

Prix de la soupe.

DÉTAILS.	Prix.		Pour 60 personnes.		Par tête ou demi-litre.	
	f. c.		f. c.		c. cent.	
Gélatine de 2 kilogr. 1/2 d'os.	» 50					
Poireaux.	» 15					
Panais.	» 05					
Navets ou choux.	» 10					
Carottes, etc.	» 20		1 80		3	
Sel et poivré.	» 25					
Caf. de chicor. remplaç. l'oign. brûl.	» 05					
Accessoires divers (1).	» 50					

Ragoût de pommes de terre.

	f. c.		f. c.		c. cent.	
2 boiss. ou 24 lit. de pom. de terre.	1 »					
2 kilogr. 1/2 d'os.	» 50					
Sel et poivre.	» 25					
Thym et laurier.	» 05		2 60		4 33/100	
Graisse fournie par les os.	» »					
Oignon et ail.	» 25					
Caf. de chicor. remplaç. l'oign. brûl.	» 05					
Accessoires divers.	» 50					

(1) Sous la dénomination d'accessoires divers sont compris les clous de girofle ou autres épices, etc., objets qui peuvent varier suivant le goût des consommateurs.

Ragoût de haricots.

DÉTAILS.	Prix.	Pour 60 personnes.	Par tête ou demi-litre.
	f. c.	f. c.	c. cent.
10 litres de haricots.	2 »		
2 kilogr. 1/2 d'os	» 50		
Sel et poivre.	» 25		
Thym et laurier.	» o5		
Graisse fournie par les os.	» »	3 6o	6
Oignon et ail.	» 25		
Café de chicor. remplaç. l'oign. brûl.	» o5		
Accessoires divers.	» 5o		

Ragoût mi-parti de pommes de terre et haricots.

	f. c.	f. c	c. cent.
1 bois. ou 13 litr. de pom. de terre.	» 5o		
5 litres de haricots.	1 »		
2 kilogr. 1/2 d'os.	» 5o		
Sel et poivre.	» 25		
Thym et laurier.	» o5	3 1o	5 17/100
Graisse fournie par les os.	» »		
Oignon et ail.	» 25		
Café de chicorée.	» o5		
Accessoires divers.	» 5o		

Ragoût aux choux.

DÉTAILS.	Prix.	Pour 60 personnes.	Par tête ou demi-litre.
	f. c.	f. c.	c. cent.
Huit choux.	1 20		
2 kilogr. 1/2 d'os.	» 5o		
Sel et poivre.	» 25		
Graisse fournie par les os.	» »	2 70	4 5o/100
Oignon et ail.	» 25		
Accessoires divers.	» 5o		

Ragoût mi-parti de pommes de terre et choux.

DÉTAILS.	Prix.	Pour 60 personnes.	Par tête ou demi-litre.
	f. c.	f. c.	c. cent.
Quatre choux.	» 6o		
1 bois. ou 12 lit. de pom. de terre.	» 5o		
2 kilogr. 1/2 d'os.	» 5o		
Sel et poivre.	» 25	2 35	3 91/100
Graisse fournie par les os.	» »		
Accessoires divers.	» 5o		

Ragoût mi-parti de choux et haricots.

DÉTAILS.	Prix.	Pour 60 personnes.	Par tête ou demi-litre.
	f. c.	f. c.	c. cent.
Quatre choux.	» 6o		
5 litres de haricots.	1 »		
2 kilogr. 1/2 d'os.	» 5o	2 85	4 66/100
Sel et poivre.	» 25		
Graisse fournie par les os.	» »		
Accessoires divers.	» 5o		

Ragoût aux lentilles.

DÉTAILS.	PRIX.	POUR 60 PERSONNES.	Par tête ou demi-litre.
	f. c.	f. c.	c. cent.
10 litres de lentilles.	3 5o		
2 kilogr. 1/2 d'os.	» 5o		
Sel et poivre.	» 25		
Graisse fournie par les os.	» »	5 o5	8 42/100
Thym et laurier.	» o5		
Oignon et ail.	» 25		
Accessoires divers.	» 5o		

Macaroni ou vermicelle remplaçant le ragoût.

DÉTAILS.	PRIX.	POUR 60 PERSONNES.	Par tête ou demi-litre.
	f. c.	f. c.	c. cent.
Vermic. à rais. de 100 gr. par rat.	4 2o		
2 kilogr. 1/2 d'os.	» 5o		
Sel et poivre.	» 25	5 45	» 8o/100
Graisse fournie par les os.	» »		
Accessoires divers.	» 5o		

Riz remplaçant le ragoût.

DÉTAILS.	PRIX.	POUR 60 PERSONNES.	Par tête ou demi-litre.
	f. c.	f. c.	c. cent.
Riz à raison de 100 gram. par rat.	3 6o		
2 kilogr. 1/2 d'os.	» 5o		
Sel et poivre.	» 25	4 9o	8 17/100
Graisse fournie par les os.	» »		
Café de chicorée.	» o5		
Accessoires divers.	» 5o		

Tableau général du prix de la soupe et du ragoût consommés par les ouvriers de la Monnaie royale des médailles.

DÉTAILS.	SOUPE. Pour 60 personnes.		Par tête.		RAGOUT. Pour 60 personnes		Par tête.		TOTAL. Pour 60 personnes.		Par tête.		OBSERVATIONS.
	francs.	centimes.	centimes.	centièmes de centime.	francs.	centimes.	centimes.	centièmes de centime.	francs.	centimes.	centimes.	centièmes de centime.	
Soupe.	1	80	3	»	»	»	»	»	»	»	»	»	Ces prix sont établis au mois de mars, époque de la plus grande cherté des légumes.
Ragoût de pommes de terre.	1	80	3	»	2	60	4	33	4	40	7	33	Le prix du charbon et de la main-d'œuvre n'est pas compté.
Id. de haricots.	1	80	3	»	3	60	6	»	5	40	9	»	
Id. pommes de terre et haricots.	1	80	3	»	3	10	5	17	4	90	8	17	La quantité d'os employée représente la gélatine qu'auraient fournie, pour les deux repas, 37 kilogram. 500 gram. de viande.
Id. aux choux.	1	80	3	»	2	70	4	50	4	50	7	50	
Id. choux et pommes de terre.	1	80	3	»	2	35	3	91	4	15	6	91	
Id. choux et haricots.	1	80	3	»	2	85	4	66	4	65	7	66	On verra plus tard qu'il est avantageux d'animaliser ces ragoûts autant que possible.
Id. lentilles.	1	80	3	»	5	05	8	42	6	85	11	42	
Id. macaroni ou vermicelle.	1	80	3	»	5	45	9	08	7	25	12	08	
Id. au riz.	1	80	3	»	4	90	8	17	6	70	11	17	
Prix moyen.	1	80	3	»	3	62	6	03	5	42	9	03	

Le tableau précédent est établi d'après la quantité des matières premières employées. J'ai cru utile de vérifier son exactitude par le dépouillement du livre d'ordinaire. En voici le résultat :

L'ordinaire a reçu tant de divers que de la vente des rations de bouillon et ragoût, représentées par les jetons déposés pendant la semaine, et celles vendues à l'extérieur. . . . . 616 f. 40 c.

Son actif en argent, provisions et ustensiles est de. 440 45

Différence, ou dépense totale. 175 f. 95 c.

Il a été livré aux membres de l'ordinaire la quantité de mille six cent onze rations de bouillon et mille six cent onze rations de ragoût; mais dans ce nombre cinq cent soixante‑seize rations de bouillon et ragoût ont été livrées gratuitement. Si elles eussent été payées à 5 centimes les deux (1), l'actif serait augmenté de 14 fr. 40 centimes.

____

(1) Quoique la valeur du bouillon et du ragoût soit au dessus de 5 centimes, les ouvriers ne paient que ce prix : la perte est supportée par les sommes diverses données à l'établissement de l'ordinaire.

Il en résulte donc que les rations de soupe et de ragoût ont coûté ensemble 10 cent. au lieu de 9 cent. 03 centièmes, portés à l'état précédent. Cette différence de 97 centièmes de centime paraîtra naturelle, si l'on considère que les rations vendues à divers et payées en argent ne figurent pas dans le nombre porté plus haut, puisque celles-ci n'ont été évaluées que d'après les jetons : les rations de ragoût non vendues ou non livrées sont toujours mises dans le bouillon du lendemain, sans que toutefois l'on tienne compte de cette augmentation de valeur.

On a vu que dans toutes ces évaluations ne sont pas compris la valeur du charbon, le prix de la main-d'œuvre et l'intérêt du capital de l'appareil. Je vais, pour compléter ce travail, indiquer ces diverses dépenses, en les calculant d'après celle nécessitée pour la nourriture de deux cents personnes.

75 litres de gélatine pour cent rations de bouillon et cent rations de ragoût (attendu l'espace occupé par les légumes) nécessiteront l'emploi de 15 kilogrammes de houille pour la génération de la vapeur et 5 kilogrammes pour la cuisson du bouillon et du ragoût. Ces 20 kilogrammes coûteront. .   80 c.

A reporter. .   80 c.

Report. . . . .   80 c.

Prix de la main-d'œuvre d'une femme ou d'un manœuvre, nourriture comprise. . . . . 1 fr. 50

En évaluant l'appareil à 1200 fr. et en calculant l'intérêt à 10 pour cent, celui d'une journée sera. . »   33 c. 33 centimes.

Total général de l'augmentation par jour. . . . 2 fr. 63 c. 33 centièmes.

Augmentation de la ration de bouillon et de ragoût. . . . .   1 c. 32 centièmes.

Le prix moyen, toutes dépenses comprises, deviendrait, d'après l'état précédent.   10   35

Si l'on veut même, pour éviter toute erreur, n'admettre comme positif que le résultat du dépouillement du livre d'ordinaire, ce prix ne pourra s'élever au dessus de. . . . .   11 c. 32 centièmes.

Il est bon de se rendre compte des dépenses

des ouvriers, afin de mieux apprécier les économies qu'ils sont à même de faire.

L'ouvrier prend habituellement sa nourriture
dans des auberges; il fournit toujours son pain,
en dispose une certaine quantité dans un bol
de la capacité d'un demi-litre environ; l'aubergiste ne fournit que le bouillon, quelques légumes et un morceau de viande du poids de
5o à 6o grammes. Il n'est pas hors de propos
de faire observer que cette viande provient,
pour la plupart, des débris de table des restaurateurs, etc. Cette ration, appelée *ordinaire,*
coûte 35 centimes; elle ne suffit pas pour la
journée, et un ouvrier y supplée habituellement par du fromage et alimens accessoires, etc.,
qu'on peut évaluer à 10 cent. Le terme moyen
de la dépense totale est donc, pain non compris, de 45 cent. D'après l'état précédent, il
y aura 35 centimes 91 centièmes d'économie
par jour.

Lorsqu'un ouvrier prendra à l'ordinaire intérieur de la fabrique où il est employé un
nombre de rations suffisant pour sa famille,
l'importance de son économie sera naturellement en raison du nombre de personnes qu'il
aura à nourrir : en voici un exemple :

Un ouvrier de la Monnaie royale des mé-

(89)

dailles, dont la famille est composée de cinq personnes, dépensait, pour sa nourriture (pain non compris) du dimanche au mercredi inclusivement,

1°. 6 livres de viande à 45 cent. pour son bouillon. . . . . 2 fr. 70 c.

2°. Légumes, sel, etc.. . . . » 20

3°. Alimens accessoires, tels que haricots, pommes de terre, salade, fromage, fruits, etc., à 20 c. par tête et par jour; ci pour quatre jours. . . . . 4 »

Total pour quatre jours. . 6 fr. 90 c.

D'après le nouvel état des choses :

1°. 2 litres et demi de bouillon chaque matin, et 2 litres et demi de ragoût à deux heures à 5 c. le demi-litre (1); pour quatre jours. 1 fr. » c.

2°. Une livre et demie de viande par jour, pour faire un ragoût ou mettre à la broche, etc., le soir, pour quatre jours, comme ci-dessus 2 70

Total pour quatre jours. . . 5 fr. 70 c.

____

(1) Voir la note de la page 85.

(90)

Économie par mois de vingt-six jours de travail. . . . . 17 fr. 80 c.

Id. par an (1). 213   60

Il est à remarquer que l'économie ne porte que sur les alimens accessoires de mauvaise qualité, remplacés par des alimens excellens, et que dans cette hypothèse la consommation de viande de 6 livres pour quatre jours reste la même.

Cette économie paraîtra bien plus importante, si l'on considère la position des ouvriers, dont les plus rétribués ne gagnent que 1050 fr.; on sentira que c'est le quart d'augmentation dans leur existence.

Je dois développer les moyens à employer pour obtenir des diminutions et recouvrer une partie de la valeur des os; je parlerai ensuite de l'avantage qu'il y aurait de n'employer que

---

(1) Si les alimens étaient payés non d'après l'état, page 20, mais d'après le prix de 11 centimes 32 centièmes, établi page 23, l'économie par an n'en serait pas moins de 151 fr. 32 centimes.

Si cette famille se nourrissait uniquement pendant la semaine de légumes fortement animalisés, et ne mangeait de la viande que le dimanche, elle pourrait prendre un nombre double de rations, et son économie serait de 271 fr. 60 c. (Voir la note, page 105.)

des dissolutions de gélatine concentrées, dût-on même augmenter le prix des rations.

Un établissement de ce genre, quoiqu'il doive être organisé de manière à ce que les rentrées couvrent les dépenses, ne peut prospérer et même s'établir, si l'on n'a créé un fonds de réserve destiné à faire des provisions, et à parer aux cas fortuits ; il doit être calculé à raison de 15 à 20 fr. par homme. Si l'on est privé de cette ressource, on est obligé d'acheter au détail des légumes, etc., qui, passant par plusieurs mains, doublent et triplent de valeur avant d'arriver au consommateur. Sentant l'importance de cette précaution, je donnai l'exemple et je provoquai une souscription parmi les fonctionnaires de la Monnaie des médailles. M. le vicomte *de Larochefoucauld*, directeur général des Beaux-Arts, ajouta 100 fr. à la somme déjà en caisse. M. le baron *de la Bouillerie*, intendant général de la Maison du Roi, ayant eu indirectement connaissance de l'établissement que je formais, me fit appeler. Ce ministre, frappé des avantages qu'offrait cette institution, m'autorisa à lui présenter un rapport ; et sur sa proposition, le Roi, dont la bonté et la bienveillance paternelles s'étendent sur toutes les choses utiles,

a ajouté au nombre de ses bienfaits une rente
annuelle de 3oo fr. J'ai pu dès lors acheter des
légumes en gros, réaliser de fortes économies,
passer un marché pour la fourniture des os,
donner des dissolutions de gélatine concentrées, établir dans les prix une fixité que n'ad-
mettait pas la différence des saisons ou le haut
prix de certains légumes. J'ai pu aussi établir
des primes d'encouragement en faveur des ouvriers qui, dans l'année, réaliseraient les plus
fortes économies.

Il paraîtra peut-être singulier que la consommation d'os n'étant environ que de 6 à 7 kilogr.
par jour, j'aie cru utile de passer un marché.
Je me procurais ces os dans le quartier et dans
les auberges fréquentées précédemment par
les ouvriers; mais les aubergistes s'étant bientôt
aperçus qu'ils fournissaient des armes contre
eux-mêmes, je fus privé de cette ressource et
obligé d'aller faire mes provisions dans un
quartier éloigné. J'ai calculé dans le tableau
des prix la quantité d'os à 1 franc par jour ou
5 kilogr. (2 kilog. et demi le matin et 2 kilog.
et demi à deux heures pour le ragoût). Cette
quantité suffit seule à la consommation; le reste
est employé à faire de la gélatine destinée à la
vente : le prix du litre est fixé à 10 cent.; il ren-

fermé 6o grammes de gélatine sèche, et quoiqu'elle se vende huit ou dix fois au dessous du cours de la gélatine obtenue par les acides, il y a sur cette vente un bénéfice de 145 à 15o pour 100, qui tourne en entier au profit de l'ordinaire ; je n'ai pas dû le faire entrer en déduction de dépense dans mes calculs, parce que ce nouveau débouché n'est pas encore établi d'une manière fixe : le temps et l'habitude suffiront.

J'ai trouvé un grand avantage à concentrer dans les cylindres la dissolution de gélatine ; les alimens étant ainsi plus animalisés, la consommation du pain diminue : des raisonnemens théoriques exacts peuvent servir à démontrer la possibilité de ce résultat. Les substances végétales fortement animalisées peuvent être considérées comme une viande artificielle : leurs parties farineuses remplacent la fibrine, et la dissolution de gélatine concentrée qu'elles renferment fournit à l'économie animale une énorme quantité de sucs nourriciers. L'expérience commence à confirmer entièrement ces prévisions. Ces résultats n'ont pu être évidens dès les premiers jours ; mais ils deviennent de plus en plus sensibles : en voici deux exemples, et je pourrais en citer quelques autres qui en sont les modifications. Ces modifications consistent en un appétit généralement moins prononcé, en une diminution sensible dans la consommation faite dans le repas du soir, etc. L'état de santé, dans tous les cas, a été le même, et la force musculaire de chaque individu a bien plutôt éprouvé un développement qu'une diminution quelconque.

Voici les deux exemples que je crois utile de citer :

Premier exemple. Un ouvrier, de dix-sept ans et demi, qui vivait à l'auberge avant l'établissement de l'ordinaire intérieur, dépensait par jour, savoir :

1°. Un ordinaire ou portion d'auberge, le matin. 35 c.

2°. Une portion de légumes, à deux heures. 30

3°. Une portion, *id.* pour le soir. 30

4°. Un pain de 4 livres pour deux jours, au prix moyen pour Paris de 80 cent. : pour un jour. . 40

____

1 fr. 35 c.

Depuis que ce même ouvrier vit à l'ordinaire, sa dépense journalière a éprouvé les modifications suivantes :

1°. Bouillon le matin pour tremper la soupe, pour laquelle il fournit le pain, et deux rations de ragoût formant son repas de deux heures et son souper.. . . . . .   10 c. (1)

2°. Un pain de 4 livres pour trois jours, à 80 c., comme ci-dessus, ce qui donne par jour.   26   60

—————

         36 c. 60 centièmes.

═════

Économie de pain par jour. . . . .   13 c. 40 centièmes.

Id. totale par jour. .   98   40

Id. par mois de vingt-six jours de travail. . .   25 f. 48   40

Id. par année. 305   80   80 (2)

Cet ouvrier ne gagne que 2 fr. par jour et 52 fr. par mois de vingt-six jours de travail ; son livret prouve que, depuis le 20 janvier, où a commencé l'ordinaire jusqu'au 8 avril, il a déjà placé à la Caisse d'épargne et d'accumulation la somme de 70 francs.

Deuxième exemple. Un autre ouvrier, âgé

—————

(1) Voir la note de la page 85.

(2) Cet ouvrier n'a pas mangé de viande depuis l'établissement de l'ordinaire. (Voir la note, page 105.)

de trente-six ans, consommait, avant l'établissement de l'ordinaire, alternativement cinq et
six pains de 4 livres par mois; sa dépense
moyenne était donc de cinq pains et demi valant, au prix établi dans l'exemple précédent,
4 fr. 40 c. Sa consommation journalière était
de. . . . . 16 c. 92 centièmes.

    Lait à neuf heures. . . 15 »

    Alimens divers tels que
fromage , salade , fruits,
pommes cuites, etc. . . . 20 »

51 c. 92 centièmes.

N. B. Cet ouvrier est marié et prend son
troisième repas dans sa famille, qui habite un
quartier fort éloigné.

Depuis l'établissement de l'ordinaire, le même
ouvrier ne consomme plus que de quatre à cinq
pains de 4 livres par mois : en admettant les
prix et conditions ci-dessus, sa dépense journalière n'est en pain que de 13 cent. 84 centièmes.

    Bouillon pour tremper la
soupe, et une ration de
ragoût à deux heures. . . 5 » (1)

18 cent. 84 centièmes.

(1) Voir la note, page 85.

Économie de pain par

jour. . . . .   3 cent. 08 ^{centièmes.}

   Id. totale par jour.   32   08

   Id. par mois de

vingt-six jours. . .   8 f. 98   08

   Id. par année. . 107   76   96 (1).

Les pâtes telles que macaroni, vermicelle, etc., le riz, offrent ce résultat d'une manière bien plus positive. Quoique les rations de ce genre soient d'un prix plus élevé, les ouvriers les préfèrent et les demandent, non pas tant à cause de leur goût ou de leur saveur, mais parce qu'ils ont remarqué que lorsqu'ils en prenaient la consommation du pain était presque nulle (2).

---

(1) On voit par les exemples cités que le genre de nourriture des ouvriers diffère, et l'économie doit nécessairement éprouver ces variations.

(2) 200 grammes de macaroni préparés à la gélatine et coûtant 18 centimes 16 centièmes suffisent pour la nourriture d'un homme pendant toute la journée, et remplacent plus d'une livre et demie de pain dans sa consommation. Le riz, le vermicelle, etc., offrent les mêmes avantages. Cet homme, vivant de pain et d'eau, consommerait à Paris, dans ce moment, au moins 2 livres de pain valant 5o centimes. Cette observation est aussi importante sous le

A ces considérations pécuniaires se joint un autre avantage du plus grand intérêt et de la plus haute importance, si on le considère uniquement sous le rapport de la morale, celui de préserver les ouvriers d'une occasion non interrompue de dérangemens et qui peut devenir la source de mauvaises habitudes et de vices dont les suites sont incalculables. L'ouvrier qui prend sa nourriture à l'auberge peut se laisser entraîner à l'usage immodéré du vin et des liqueurs fortes. Ces excès énervent sa santé, abrutissent ses facultés, pervertissent son cœur et son caractère et rendent ses ressources insuffisantes pour ses nouveaux besoins. Des privations sans nombre sont bientôt imposées à une famille entière pour assouvir le vice d'un seul homme, et ce vice le privera bientôt des ressources que son travail et une conduite régulière lui auraient procurées. L'établissement de l'ordinaire intérieur prévient cette cause de dérangemens. L'ouvrier est

---

rapport de l'économie que sous celui de l'hygiène. On obtiendrait le même résultat avec une dépense de 3o à 35 cent., en employant de la gélatine extraite par le moyen des acides. On peut se procurer cette gélatine chez M. *Fontaine*, à l'île des Cygnes, à Paris.

obligé de verser dans sa famille le fruit de ses économies, parce que, payé au mois, elles se sont accumulées et qu'il lui serait difficile de les dépenser en un seul jour. Cette mesure atteint donc un double but, celui de grossir son épargne et de lui éviter l'occasion de contracter de mauvaises habitudes, occasion dont il triomphe rarement.

Lors même enfin que l'ouvrier négligerait un moyen si commode de réaliser des économies, il est probable que cette différence dans les dépenses journalières servirait à préparer chaque soir un aliment plus succulent. Sa famille le partagera, tandis que quand il vit au cabaret elle supporte seule des privations, suite de l'économie imposée par les excès de son chef.

L'économie par homme est, comme on l'a vu plus haut, de 36 centimes environ par jour. Il était à désirer que cette somme fût destinée à former un capital. Je ne pouvais considérer mon but comme rempli, si, en donnant aux ouvriers le moyen de faire des économies, je leur fournissais en même temps l'occasion de se créer de nouveaux besoins. Je leur exposai la facilité qu'ils avaient de réaliser, au bout de quelques années, une assez forte somme sans s'imposer des privations nouvelles; je leur prouvai qu'en économisant 20 cent. par jour seulement, ils auraient au bout de l'année 72 fr., et au bout de dix ans, près de 1000 fr. Profitant d'un moment favorable, je réchauffai les bonnes dispositions qui commençaient à se manifester, en établissant des primes pour ceux qui dans l'année auraient économisé plus que la somme fixée. Mes efforts ne furent pas infructueux, et le dimanche suivant, diverses sommes furent portées à la Caisse d'épargne : j'ai lieu de croire que ce premier exemple sera généralement suivi. Les primes sont prélevées sur le fonds commun que les bontés du Roi ont mis à ma disposition. D'autres établissemens qui n'auraient pas cette ressource pourraient la créer en fixant le prix de chaque ration à un centime ou une fraction de centime au dessus de leur valeur réelle. Le nombre d'hommes mangeant à l'ordinaire servirait à déterminer la quotité de cette augmentation.

Cette mesure doit faire naître dans la classe ouvrière le goût et l'habitude de l'économie, qualité malheureusement presque ignorée chez elle. L'ouvrier économe est rarement vicieux, ses économies sont un cautionnement qui répond de sa probité et de son exactitude. Cette mesure ne saurait donc être assez encouragée

tant dans l'intérêt des ouvriers et de leur famille que dans celui de leur maître.

La question de salubrité est établie d'une manière spéciale dans le rapport fait à la Faculté de
médecine, le 13 décembre 1814, par MM. *Leroux, Dubois, Pelletan, Duméril* et *Vauquelin* :
il suffira d'en citer quelques phrases (1).

« L'expérience la plus convaincante et à la-
» quelle tout le monde doit se rendre, c'est
» celle qui a été faite sous nos yeux, pendant
» trois mois, à l'Hospice de Clinique interne
» de la Faculté. On a préparé le bouillon avec
» le quart de la viande qu'on emploie ordinai-
» rement; on a remplacé avec de la gélatine et
» des légumes les trois autres quarts, qu'on a
» donnés en rôti; et les malades, les conva-
» lescens et même les gens de service n'ont
» pas aperçu de différence entre ce bouillon et
» celui qu'on leur donnait précédemment; ils
» ont été aussi abondamment nourris et très
» satisfaits d'avoir du rôti au lieu de bouilli....
» Quant à la seconde partie, la salubrité du
» bouillon, nous pouvons assurer que des qua-
» rante personnes qui en ont fait usage pendant

_____

(1) Voyez *Bulletin* de la Société, treizième année (1814),
p. 292.

» trois mois, pas une n'a éprouvé quoi que ce
» soit qui puisse être raisonnablement attribué
» à la gélatine... Nous sommes donc en droit
» de conclure avec certitude que non seule-
» ment la gélatine est nourrissante, facile à
» digérer, mais encore qu'elle est très salubre,
» et ne peut, employée comme le propose
» M. *D'Arcet*, produire, par son usage, aucun
» mauvais effet dans l'économie animale. »

L'application de ce procédé doit de jour en jour devenir plus générale, si l'on peut préjuger ses succès d'après ceux qu'obtinrent les soupes économiques, bien qu'il existe une différence essentielle entre ces alimens. L'un fournit à l'homme une nourriture saine et fortement animalisée, et l'autre leste seulement l'estomac avec des substances inertes, renfermant peu de principes nutritifs : dans ce dernier cas, l'abondance devient insuffisance et même pénurie pour l'économie animale (1).

On peut également employer la gélatine seule

---

(1) Les soupes connues sous le nom de *soupes économi-ques* ne renferment que des substances végétales contenant excessivement peu d'azote et de la graisse ou beurre, qui, quoique substances animales, ne renferment pas ce prin-cipe. Ces soupes s'aigrissent en quelques heures et fati-

comme aliment, et ce mode est le plus convenable pour les établissemens de charité, dont

---

guent à la longue l'estomac par un volume hors de proportion avec les substances nutritives qu'elles renferment.

Il est aujourd'hui démontré que les alimens qui ne contiennent pas d'azote ou qui en contiennent peu ne suffisent
pas à la nourriture de l'homme et des animaux.

On trouve un grand nombre d'observations et d'expériences importantes sur ce sujet dans un Mémoire lu à
l'Académie des Sciences, en 1816, par un de nos plus savans physiologistes, M. *Magendie*. Des chiens nourris
avec des substances non azotées et de l'eau distillée n'ont
vécu que trente-deux à trente-six jours. Il est à remarquer
qu'un chien peut vivre dix à douze jours privé de tout
aliment.

Aux faits cités par M. *Magendie* j'ajouterai qu'en 1816,
à l'époque de la plus grande cherté des grains, M. *Sivard
de Beaulieu*, administrateur des monnaies, à Paris, ayant
essayé de nourrir ses chiens de chasse avec des pommes
de terre et d'autres légumes, en perdit deux sur sept ou
huit qu'il avait; les autres étaient si faibles qu'ils ne pouvaient plus se traîner, et le hasard ayant fait qu'on leur
donnât de la viande, ils se rétablirent promptement.

En décembre 1793, le vaisseau *le Caton* fit rencontre,
à trois cents lieues des côtes de France, d'une galiote de
Hambourg, démâtée et presque entièrement coulée par
une tempête. La partie de l'arrière du navire, nommée
couronnement, était seule restée au dessus de l'eau. Cinq
hommes qui s'y étaient réfugiés n'avaient eu pour nour-

le but est bien plus de multiplier les secours que de donner des alimens d'un goût recherché.

***

riture, pendant neuf jours, que du sucre et une très petite quantité de rhum. M. *Moreau de Jonnès*, qui, depuis long-temps s'occupe avec succès d'hygiène militaire, était dans une des embarcations qui recueillit ces malheureux. Leur faiblesse était si grande, qu'à l'exception des plus jeunes, ils pouvaient à peine se prêter à faire ce qu'il fallait pour quitter le vaisseau naufragé : malgré les soins qu'on leur prodigua, les trois plus âgés moururent à Lorient.

Le médecin anglais *Stark*, voulant apprécier la propriété nutritive du sucre, s'en nourrit exclusivement pendant un mois environ ; mais au bout de ce temps il fut obligé d'y renoncer. Il était devenu très faible et bouffi ; son visage présentait des taches rouges, livides, qui semblaient annoncer une ulcération prochaine : il est mort peu de temps après son expérience, et les personnes qui l'ont connu pensent qu'il en a été victime.

M. *Clouet*, connu par des travaux importans sur l'acier, voulut se nourrir seulement de pommes de terre et d'eau : au bout d'un mois sa faiblesse était extrême ; il fut obligé de reprendre la nourriture azotée et se rétablit en quelques semaines.

Tous ces faits prouvent la nécessité de joindre aux alimens privés d'azote des alimens contenant ce principe. Il est incontestable qu'aucun aliment azoté n'offre plus d'avantages que la gélatine pour animaliser en quelque sorte les substances végétales. Quelques personnes demanderont sans doute si l'on a essayé de nourrir des chiens à la géla-

Ce mode convient aussi pour les ordinaires établis dans les fabriques ; on évite de la sorte

---

tine et à l'eau distillée , MM. *D'Arcet* et *Robert* ont fait
cette expérience. Un chien est resté cinquante-quatre jours
environ enfermé dans une chambre et a été nourri de cette
manière : il en est sorti bien portant. On lui avait d'abord
donné 12 onces de gélatine, on les réduisit à 3 onces, quantité qui fut suffisante pour le nourrir.

Ce qui précède est extrait de l'intéressant Mémoire de
M. *Michelot* sur l'emploi de la gélatine, publié dans la
Revue encyclopédique, année 1822.

Je dois ajouter que , dès le sixième jour, le chien dont
il est question cessa de rendre des excrémens d'aucune nature, et il n'en conserva pas moins sa gaîté et son appétit
ordinaires. La négligence de la personne qui le soignait
permit à ce chien de s'échapper et fit perdre les observations physiologiques qui auraient été le résultat de l'examen
de ses intestins. Il est probable que cet animal aura suc-
combé à une indigestion , suite de l'inactivité prolongée
où s'était trouvée une partie des organes.

On a remarqué souvent des effets opposés , qui étaient
le résultat de l'usage exclusif des soupes économiques, et,
dans beaucoup de cas, des diarrhées qui auraient pu prendre
un caractère alarmant ont obligé d'en suspendre l'usage.

A ces considérations on peut en joindre une autre , puisée
dans la différence de nature existant entre les inspirations
de l'homme et ses expirations, et la nécessité où il est de
prendre des substances azotées pour réparer la déperdition
continue qu'éprouve chacun de ses organes.

Enfin un ouvrier de la Monnaie , désirant augmenter

l'écueil qu'offriraient les difficultés d'une répartition égale dans la masse de la viande employée à raison de 20 gram. à peu près par tête. L'unique but de cette institution doit être de donner aux ouvriers les moins fortunés le moyen de subvenir aux besoins de leurs familles, et il est facile à ceux qui ont des ressources étrangères d'employer les économies de la journée à se procurer des alimens plus savoureux, qu'ils peuvent consommer le soir dans leur intérieur.

L'emploi de la gélatine seule avec la quantité convenable de légumes suffit pour former des bouillons fort agréables au goût. On peut, comme le propose M. *Braconnot*, lui donner celui du bouillon de viande en employant du sel composé de deux parties de muriate de soude (ou sel ordinaire) et d'une partie de muriate de potasse. Cela ne peut offrir aucun in-

---

ses économies, a pris le parti de ne plus manger de viande : il prend chaque jour deux rations ; l'une fait ses repas de la journée et l'autre celui du soir. Il a vécu ainsi depuis le 11 février jusqu'au 19 avril : sa santé n'a éprouvé aucune altération et il a même engraissé. Ce fait vient à l'appui des observations consignées plus haut, page 93. C'est de ce même ouvrier qu'il est question, *exemple* 1er., page 94.

convénient, puisque ce dernier sel se trouve dans les bouillons de viande : la seule différence qui existe encore est l'absence de l'arôme connu sous le nom d'*osmazome*. Cette différence n'est d'aucune importance sous le rapport nutritif et sous le rapport sanitaire : un palais délicat peut seul l'apprécier. L'osmazome est très volatil et se dégage à 60 ou 70 degrés de température (1). Cet arôme doit se trouver rarement dans les soupes des établissemens publics, dans celles des colléges, même dans celles des ménages, quand elles sont faites sans soin ou en trop grande quantité : il n'existe pas dans la chair du veau, dans celle du cochon et des volailies, qui sont cependant fort nourrissantes.

On peut remplacer les légumes verts, quelquefois fort rares, par l'emploi de leurs graines : il me serait difficile de pouvoir en déterminer les proportions, elles doivent être subordonnées au goût des consommateurs. Une très petite quantité de graine est suffisante ; le meilleur moyen de les employer est de les renfermer dans une boîte d'étain percée de beaucoup de petits trous, ou même dans un

____

(1) Les bonnes cuisinières ont le soin de ne jamais laisser trop bouillir leur pot.

sac de crin, que l'on a la faculté de retirer lorsque le liquide paraît suffisamment aromatisé. Je me suis aperçu que leur usage était peu convenable pour la soupe, mais fort utile pour les ragoûts de légumes. On peut substituer aux graines une préparation connue sous le nom de *racines potagères,* etc. La qualité des alimens compense le supplément de dépense (1).

L'emploi de la gélatine obtenue par la vapeur doit présenter d'énormes avantages pour les hôpitaux, les pensionnats, etc. (2), qui, obligés de consommer une certaine quantité de viande,

---

(1) Ces préparations faites par M. *Duvergier* se vendent rue Sainte-Appoline. (Voir à ce sujet le Rapport fait à la Société d'Encouragement, *Bulletin* année 1822, p. 227.)

(2) Il serait bon, dans les hôpitaux, de charger le pharmacien du soin de vérifier, chaque jour, le titre du bouillon. La condensation étant subordonnée au degré de la température de l'air environnant et au plus ou moins de pression de la vapeur produite par la chaudière, la quantité de matières animales renfermées dans les bouillons devra être subordonnée à ces diverses circonstances. Une simple évaporation suffit pour l'apprécier exactement. Si l'on ne prenait pas cette sage précaution, il pourrait arriver qu'à dosage égal on donnât deux et trois prises de bouillon à la fois à un malade. Dans les établissemens qui ne renferment que des gens valides, cette précaution devient inutile.

trouvent ainsi le moyen d'utiliser des os qui étaient entièrement perdus ou vendus à vil prix. Un kilogramme d'os fournit une quantité de gélatine égale à celle que fourniraient 7 kilogrammes et demi de viande (1). Le kilogramme d'os doit donner en outre 100 grammes de graisse environ. Il est donc facile de réaliser de fortes économies ou d'améliorer le régime alimentaire en remplaçant les viandes bouillies par des viandes rôties et d'animaliser davantage les ragoûts.

Un récipient ou cylindre ayant un mètre carré de surface produira par heure au moins un kilogramme de dissolution de gélatine, se prenant en gelée, et suffisant pour préparer le bouillon ou pour animaliser dix rations de soupe. En employant quatre récipiens, on aurait quarante bouillons par heure ou neuf cent soixante bouillons par jour, ce qui sera plus que suffisant pour un hôpital ordinaire. La con-

---

(1) 7 kilogrammes et demi de viande donneraient trente bouillons : des expériences positives prouvent qu'un kilogramme d'os en donnerait autant, et ce résultat est connu depuis près d'un siècle et demi, puisque *Papin* avait retiré 15 livres de gelée d'une livre de râpure d'ivoire, 2e. section, page 19.

sommation ne sera que de 32 kilog. d'os par vingt-quatre heures : ces os donneront une quantité de graisse assez considérable pour pouvoir fournir aux besoins de l'établissement. On peut établir ainsi qu'il suit le compte du travail de vingt-quatre heures.

32 kilogrammes d'os au prix auquel les hôpitaux de Paris les vendent. . . . . 2 f. 87 c.

16 kilog. de houille.. . . . . »   80

Deux journées d'ouvrier. 4   »

Intérêt à 10 p. 100 de la valeur de l'appareil. . . . . »   28

Total. . . . . 7 f. 95 c.

Chaque ration de bouillon ne coûtera donc que 83 centièmes de centime (1).

Les ateliers de la marine, les établissemens qui en dépendent peuvent y trouver des avantages analogues ; ils seront encore plus sensibles à bord des bâtimens de guerre et de commerce. La cuisine pourra être rétrécie, des chaudières placées sur le pont fourniraient la vapeur ; des marmites chauffées à la vapeur serviraient à

____

(1) Le prix du demi-litre de bouillon non aromatisé, étant de 83 centièmes de centime, le kilogramme de gelée

préparer les alimens : dans un des points les
moins utiles de l'entrepont, on pourrait dispo-

---

qui a servi à en animaliser 10 coûtera 8 centimes ou
6 liards environ.

L'exactitude de ce calcul se trouve en rapport avec les
expériences faites par *Papin*. Voici comment il s'exprime,
page 114 :

« Or, dans Paris, où quelques traiteurs tiennent tou-
» jours de la gelée prête pour ceux qui en veulent ache-
» ter, on la vend communément 20 sous la livre ; mais
» dans Londres, où l'on n'en fait que quand on la de -
» mande, les apothicaires la vendent 2 schellings : ce
» serait donc rendre un bon service au public, si quel-
» qu'un entreprenait de fournir la gelée à 4 sous la livre ;
» cependant un homme pourrait à ce prix-là faire, par
» jour, pour environ 20 livres tournois de gelée avec une
» telle machine.

» Le feu ne coûterait pas 6 sous et on aurait aussi les os
» et un peu de corne de cerf à bon marché, n'étant pas
» nécessaire de la râper ; il ne faut pas non plus beaucoup
» de sucre pour la gelée ; mais supposons que la dépense
» monte à 8 livres tournois par jour, il restera toujours
» 4 écus de profit pour le maître de la machine, et ainsi,
» en quatre jours de temps, il pourra être remboursé de
» la dépense de l'achat ; et un homme seul pourrait faire
» travailler cinq ou six machines à la fois, et les employer
» pour divers usages, dont quelques uns seraient peut-être
» de plus grand profit que de faire de la gelée. Il ne faut
» donc point douter que ceux qui auront les avances néces-

ser six cylindres, dans quatre desquels on ferait la gélatine : ce local servirait de chauffoir pour les matelots, et cette ressource serait inappréciable à la suite des gros temps ou d'un quart froid ou humide (1); avec le cinquième et le sixième cylindre, considérés comme objets de rechange, on pourrait blanchir à la vapeur le linge de l'équipage. Deux autres cylindres ou récipiens, de forme élégante, placés l'un dans la chambre du commandant, l'autre dans celle des officiers, serviraient de calorifères, et l'eau condensée, devenue potable par sa distillation, offrirait une ressource utile à l'équipage. Tout

---

» saires pour travailler à bon escient à ces sortes de choses » y pourront faire parfaitement leurs affaires, et en même » temps rendre service au public. »

(1) Cette disposition serait doublement avantageuse aux bâtimens qui vont à la pêche de la morue. Le chauffoir paraîtrait d'autant plus utile que le climat en ferait mieux apprécier la commodité, et les grandes arêtes et les têtes de morues qui sont jetées à la mer pourraient, étant placées dans les cylindres, être transformées en colle de poisson ou être employées à la nourriture de l'équipage.

Les arêtes de poisson fournissent une grande quantité de gélatine; mais il est important de ne les employer que lorsqu'elles sont très fraîches, la moindre fermentation suffit pour donner à la gélatine une odeur infecte.

l'appareil, ayant des jonctions mobiles, pourrait être démonté pendant l'été et être placé où l'on voudrait. Un kilogramme de charbon doit volatiliser au moins 5 kilogrammes d'eau ; en considérant la dissolution de gélatine et l'eau distillée sous le même rapport, puisqu'elles remplacent l'eau mise dans le bouillon et l'eau potable, on doit en conclure que le charbon embarqué serait bien plutôt un allégement qu'une surcharge pour le bâtiment. Il en serait de même des os, puisqu'à poids égal ils renferment sept fois et demie plus de bouillon que la viande. M. *D'Arcet* (1) indique comme un moyen de conservation pour un temps indéfini un procédé qui consiste à tremper les os dans une dissolution de gélatine concentrée ; une enveloppe de gélatine en couvre toutes les parties et les met à l'abri du contact de l'air. On peut également les conserver dans de l'eau contenant le quart de son poids de sel commun (hydrochlorate de soude). J'ai employé ce moyen, et bien qu'au bout d'un mois il se soit manifesté une odeur assez forte (pour des gens habitués à ne manger que de la viande fraîche),

(1) D'après le procédé pour la conservation des viandes, qui a servi de base à la patente prise, en 1808, par M. *Plowden*.

cette odeur se volatilisait dans l'ébullition et la dissolution de gélatine n'en conservait pas la moindre trace. Cette odeur est due à la saumure, et si on a la précaution de laver les os avant de les mettre dans le cylindre, l'odeur disparaît en partie (1).

L'adoption de ce procédé à bord des bâtimens permettrait de diminuer l'étendue des cuisines. L'appareil que j'ai construit à la Monnaie royale des médailles et qui renferme deux chaudières à vapeur et accessoires, divers cylindres de forme et de dimension variées, peut suffire à la nourriture de cent vingt per-

---

(1) Lorsque je renouvelai cette expérience devant MM. les Membres du Comité des arts économiques, la gélatine sortie des cylindres conservait une odeur presque aussi désagréable que celle des os. Étonné de ce résultat, je dus en rechercher la cause, et je crus devoir l'attribuer à ce que le cylindre venant d'être chargé, la dissolution n'avait sans doute pas eu le temps de bouillir suffisamment, et à ce qu'elle devait être en partie composée de la saumure qui restait à la surface des os. J'en mis en présence de ces Messieurs une certaine quantité dans une casserole, et dès qu'elle eut bouilli à l'air libre, l'odeur diminua d'une manière si sensible qu'il n'y eut plus à douter du résultat. Le bouillon du lendemain, fait avec cette gélatine, n'avait aucune odeur de pourri ni aucun goût désagréable. (Voyez la note au bas de la page 119.)

sonnes (1). Il est établi dans une armoire ayant 160 décimètres carrés, ou 15 pieds 18 pouces carrés de surface. L'emplacement occupé par les chaudières et les marmites n'a que 73 décimètres carrés, ou 7 pieds carrés ; cette partie de l'appareil doit seule être placée sur le pont, puisqu'on peut mettre indifféremment les cylindres dans l'endroit du bâtiment qui paraîtra le moins utile.

Une augmentation d'un cinquième dans le diamètre des marmites et dans les dimensions des chaudières à vapeur rendrait cet appareil suffisant pour une corvette ou brick dont l'équipage serait de cent soixante-douze hommes. Si une prévoyance sage et éclairée engage à établir deux appareils semblables sur deux points différens, ils n'occuperont ensemble qu'un mètre 78 décimètres carrés ou 16 pieds 11 pouces carrés ; ces deux appareils, fonctionnant à la fois, pourraient au besoin fournir trois cent quarante-quatre rations.

En augmentant de 15 centimètres ou 6 pouces le diamètre des marmites et les dimensions des chaudières, les deux cuisines, placées comme ci-dessus, pourraient fournir séparément deux

---

(1) En fixant les rations à un demi-litre.

cent soixante rations et ensemble cinq cent vingt rations. Ces deux cuisines n'occuperaient ensemble qu'une surface de 1^m,84 décimètres carrés, ou 17 pieds un pouce carrés; elles suffiraient à l'équipage d'une frégate ordinaire.

Une suite de calculs du même genre prouve que, pour une frégate de 60 canons, les deux cuisines n'occuperont qu'un espace de 2^m,99 carrés, ou 28 pieds un demi-pouce carrés: elles pourront fournir séparément cinq cent vingt rations et ensemble mille quarante.

Trois cuisines, ou deux cuisines à trois chaudières, de capacités égales à celles de la frégate de 60 canons, n'occuperont, à bord d'un vaisseau de 74, que 4^m,48 carrés, ou une toise 6 pieds carrés, et donneront un nombre de rations qui de cinq cent vingt peut aller jusqu'à mille cinq cent soixante.

Quatre cuisines séparées, ou plutôt deux cuisines à quatre chaudières chaque (comme ci-dessus), peuvent, à bord d'un vaisseau de 120, fournir jusqu'à deux mille quatre-vingts rations; la surface qu'elles occuperont sera de 5^m,98 carrés, ou d'une toise 20 pieds carrés.

J'ai cru prudent de multiplier le nombre des foyers et des chaudières à vapeur, quoiqu'un seul foyer puisse chauffer les chaudières voisines, qui se trouvent à volonté toutes liées ensemble et ne faisant qu'un seul corps, ou formant chacune un appareil séparé. (Voyez la description des plans de l'appareil.)

J'aurais pu augmenter successivement les dimensions des divers appareils, comme je l'ai fait pour les bâtimens d'ordre inférieur, et éviter ainsi de trop les multiplier. Je me suis arrêté à la frégate de 60 canons, parce qu'une marmite plus grande aurait pu devenir embarrassante : elle eût occupé plus de volume et il eût été impossible de la faire en fer-blanc. Du reste la multiplicité des appareils multiplie également les ressources et donne la facilité de préparer en même temps des alimens de différens genres. Cette considération ne sera pas dédaignée, si l'on tient compte de l'avantage qu'il y a à préparer séparément certains légumes, qui, quoique fort bons seuls, perdent leur qualité par un mélange que la nécessité oblige de faire quelquefois.

Ces appareils donnent la facilité de précipiter ou de ralentir la cuisson des alimens. Si l'on met les légumes à sec dans la marmite, on peut les faire cuire dans trente à trente-cinq minutes, à la vapeur ; en y ajoutant ensuite la gélatine, on peut manger la soupe ou le ragoût dès que la température est arrivée à soixante-dix degrés, c'est à dire une heure après le commencement de l'opération. Si l'on fait marcher la marmite au bain-marie, la cuisson exige un peu moins que le temps ordinaire. Si l'on veut au contraire manger d'excellens potages comparables aux meilleures préparations de ce genre, on mettra dans la marmite 100 grammes de viande fraîche (bœuf) pour un litre de gélatine et on les fera bouillir avec un bain d'air échauffé (1); la gélatine prendra tout l'osmazome ou arôme de la viande, que la température peu élevée et la fermeture de l'appareil empêcheront de se volatiliser. Ces potages ne seront parfaits qu'au bout de dix à douze heures de cuisson. Il est inutile enfin de parler des avantages qu'offriront des vases clos et avec pression dans les roulis du bâtiment. On verra aussi, dans la description du fourneau, que j'ai ménagé le moyen de faire marcher l'appareil avec la vapeur produite par une chaudière employée pour une machine ou un chauffage à la vapeur. On sentira que cette précaution ne sera pas sans utilité à bord d'un bâtiment à vapeur, et que, dans le cas d'accident survenu à la chaudière principale, celle du fourneau n'en est pas moins indépendante.

---

(1) Dans ce cas, l'ébullition sera bien moins vive.

Ou peut considérer l'usage de cet appareil comme une précieuse ressource dans certains cas malheureusement trop fréquens, lorsque la santé et même la vie de l'équipage sont compromises soit par l'usage exclusif des viandes salées, par le manque absolu d'eau potable, ou de vivres viande.

Dans le premier cas, cet appareil permettra non seulement de diminuer la consommation des viandes salées, puisque les os de la veille deviennent un aliment pour le lendemain ; mais encore il donnera la facilité de varier la nourriture de l'équipage. La salaison peut altérer la qualité de la viande, racornir la fibrine qu'elle contient, changer les proportions de ses principes constituans ; mais son effet doit être infiniment moindre sur les os. La cohésion de leurs molécules ne peut lui permettre d'agir à une grande profondeur, et l'on est donc porté à croire que la gélatine extraite des os de la viande salée est la même sous tous les rapports que celle qui est fournie par ceux de la viande fraîche (1).

---

(1) Des os qui, depuis un mois, étaient dans de la saumure, ont fourni à la Monnaie des médailles de la gélatine semblable à celle de la viande fraîche*. Lorsque je fis cette

* Voir les pages 113 et 114.

On pourra ainsi, tout en utilisant les os de
la veille, varier en même temps la nature des

---

expérience, j'ignorais celle qu'avait faite *Papin;* je crois
devoir la citer.

« *Expérience VII.* Comme cette machine semble devoir
» être désormais un meuble nécessaire sur les vaisseaux,
» où l'on a avec la viande la quantité d'os salés qu'on jette
» d'ordinaire, et dont on pourrait, au lieu de cela, tirer
» de bonne gelée fraîche, qui serait une nourriture beau-
» coup plus saine que la viande même, j'ai voulu m'en
» assurer par expérience. Je mis donc un jour dans une
» grande terrine une bonne quantité d'os, que je couvris
» tous de sel, et après les avoir ainsi gardés l'espace de
» quinze jours, en sorte qu'ils devaient être autant salés
» que des os le sauraient être, je les mis à dessaler dans de
» l'eau de mer, de même qu'on dessale la viande sur les
» vaisseaux, et les ayant ensuite mis à bouillir dans la nou-
» velle machine, avec le double de leur poids d'eau douce,
» je poussai le feu jusqu'à faire évaporer la goutte d'eau en
» quatre secondes*, et je trouvai qu'il se fit de forte gelée
» bonne et fraîche : je réitérai ensuite l'opération avec les
» mêmes os et de nouvelle eau, et j'eus encore de fort
» bonne gelée, de même que si les os n'eussent jamais été
» salés ; de sorte qu'il n'y a point à douter que, par le
» moyen de cette machine, on pourra avoir, sur les vais-
» seaux, une nourriture dont la matière ne coûtera rien et

---

* La température devait être fort élevée, puisque *Papin* dit,
en rendant compte d'une autre expérience : *Je fis exhaler la
goutte en trois secondes et dix pressions.* Voir à ce sujet la note
page 67.

alimens de l'équipage et ne lui donner que tous les deux jours de la viande salée : il y aura probablement moins d'affections scorbutiques, et les malades pourront trouver à bord les alimens nécessaires à leur état.

Le manque absolu d'eau sera (à provisions égales) bien plus rare, puisque la dissolution de gélatine, faite avec de l'eau de mer distillée, diminuera la consommation. Si cependant, par un accident quelconque, l'eau venait à manquer ou à n'être plus potable, on peut employer les

---

» qui sera pourtant meilleure et plus saine que la viande,
» qui coûte cher, et cette matière ne causera même aucun
» embarras, puisqu'on la porte toujours ; car, en salant la
» viande, on y laisse les os, quoiqu'ils ne soient d'aucun
» usage. » (Section Ire., page 21.)

Le même auteur dit, page 63 :

« Toutes ces expériences me font croire que si l'on veut
» conserver des os, des cartilages, des tendons, des pieds
» et autres parties d'animaux qui sont assez solides pour se
» conserver sans sel, et dont on perd, tous les ans, dans
» Londres plus qu'il n'en faudrait pour fournir tous les
» vaisseaux que l'Angleterre a en mer, on pourrait avoir
» toujours sur les vaisseaux des alimens plus sains et bien
» meilleurs et à meilleur marché que l'on n'en a d'ordi-
» naire : je dis même que ces sortes d'alimens seraient
» moins embarrassans, parce qu'ils contiennent bien plus
» de nourriture, à proportion de leur poids. »

cylindres comme les condenseurs d'une distil-
lerie, et leur produit en eau distillée deviendra plus grand que celui des rations de bouillon,
parce qu'une température aussi élevée n'étant
plus nécessaire, on pourra activer la condensation de la vapeur. La marmite pour la soupe
peut être en même temps employée à la cuisson des viandes.

Des retards dans la marche d'un navire peuvent rendre insuffisante la provision de vivres
(viande) et le forcer de gagner l'attérage le
plus prochain. Il est possible qu'il trouve dans
ce lieu des ressources, non pour arriver à sa
destination, mais suffisantes pour gagner une
relâche plus commode. L'usage de l'appareil
doit doubler ces provisions, puisque les os de
cette même viande pourront devenir un aliment. Ils sont à la viande sur pied dans le rapport d'un à cinq pour le poids, et de sept et
demi à un pour la nutrition. Des vivres qui
auraient suffi pour quinze jours peuvent donc,
après leur consommation, fournir une nourriture saine pendant vingt-huit jours. Le navire
pourra, dans cette hypothèse, tenir la mer quarante-trois jours au lieu de quinze.

Le désir d'être utile a pu seul m'engager à
sortir des bornes qui m'étaient naturellement

tracées : entièrement étranger au corps de la marine, je n'ai voulu qu'indiquer les applications que je prévoyais possibles. Je serais amplement récompensé de mon zèle, si les réflexions que je me permets de hasarder pouvaient un instant fixer l'attention d'un corps qui mérite et justifie la haute réputation qu'il a acquise dans le monde savant; je réclame donc toute son indulgence.

J'ai lieu d'espérer que ces renseignemens ne seront pas inutiles pour les autres applications auxquelles peuvent donner lieu les avantages qu'offre ce procédé.

L'emploi de la gélatine peut également améliorer les alimens des troupes de terre. L'application de ce procédé pour les compagnies sédentaires ne doit offrir aucune difficulté. Quant aux troupes de ligne, on peut les faire jouir de ces avantages en plaçant dans la chambre de l'armurier et sous sa responsabilité la chaudière à vapeur; dans une des salles du rez-de-chaussée seraient placés les cylindres, et au moyen d'une distribution journalière, leur produit serait réparti dans les compagnies et dans les escouades. Combustible compris, le demi-litre de dissolution de gélatine ne doit coûter que 83 centièmes de centime, et il représente un quart de kilog. de viande. On pourrait donc diminuer la quantité de celle que l'on emploie, ou la remplacer par du rôti, des légumes à la gélatine, du vin, etc. Tous ces détails sont subordonnés à la localité et à la prudence du chef du corps : la chaudière à vapeur et les cylindres seraient portés sur les états de casernement comme les autres meubles, etc.

Un appareil de ce genre doit être considéré comme un objet utile à la défense des places de guerre, puisqu'il donne les moyens de transformer les os en substances alimentaires, et que, comme on l'a vu à l'article précédent, la quantité de vivres-viande qui n'aurait pu suffire qu'à la consommation de quinze jours deviendra suffisante pour quarante-trois jours.

Ce nouveau genre de préparation donne aux curés des paroisses, aux bureaux de charité, etc., le moyen de multiplier les bienfaits et les secours qu'ils prodiguent aux indigens, et il est d'autant plus précieux pour eux que les ressources se trouvent rarement en proportion avec les besoins. Mais si leur charité les porte à accueillir favorablement cette heureuse innovation, il est possible que le prix de l'appareil et son entretien soient un sujet de réflexions

pour leur prévoyance éclairée. Je ne puis résoudre les diverses objections que le caractère
des personnes, la différence des lieux, des
ressources, des besoins, etc., peuvent faire
naître et modifier. Je dirai seulement que les
frais de construction d'appareil sont loin d'être
en raison de ses produits. Un appareil de deux
mille rations d'un demi-litre de dissolution de
gélatine coûterait de 1,200 à 1,500 francs au
plus (1); ne pourrait-on pas s'entendre, s'as-
socier en quelque sorte, établir l'appareil
dans un point central, répartir ses produits sur
des points de distribution où la gélatine, versée
dans des chaudières ordinaires et mêlée avec
des légumes, servirait à faire des soupes ou
des ragoûts ? La gélatine qui ne serait pas
consommée pourrait être vendue aux aubergistes qui nourrissent les ouvriers. Ce serait

---

(1) Dans ce prix n'est pas compris celui des chaudières
pour la cuisson des alimens. Il est bon de faire observer que
l'augmentation du volume de l'appareil doit augmenter fort
peu son prix, puisque les pièces d'ajustage, telles que les
régulateur, soupapes, niveau d'eau, robinets, etc., sont
à peu près les mêmes dans tous les cas. Dans le doute, j'ai
préféré forcer l'évaluation des prix que d'induire involon-
tairement en erreur les personnes qui seraient à même de
faire établir des appareils.

un moyen indirect d'être utile à cette classe en leur procurant des alimens aussi sains et à un prix bien inférieur. Dans l'hypothèse où un aubergiste adoptât cette nouvelle méthode, il pourrait, moyennant 11 fr. 5o c., donner d'excellentes soupes à soixante personnes et gagner 100 pour 100. Voici le détail des prix.

Combustible..................	» f.	5o c.
15 litres d'eau............		5
15 litres de gélatine..........	1	5o
6 livres de viande, à 5o c.....	3	»
Légumes divers............		5o
Sel, poivre, etc............		25
Main-d'œuvre, etc. et gain de l'aubergiste................	5	70
Total pour soixante personnes.	. 11 f.	5o c.

Chaque homme aurait eu un demi-litre de bouillon, des légumes et près d'un quart de livre de viande. Le prix de la portion serait de 19 cent. 1 dixième, ou près de 4 sous. C'est une quantité égale à celle que les ouvriers achètent sous le nom *d'ordinaire* et qui leur coûte 3o ou 35 centimes, de 6 à 7 sous (1).

____

(1) Il est bon de remarquer que les rations de la Monnaie

Un quart de litre ou portion de ragoût de légumes se vend chez les aubergistes 20 c. ou 4 sous; le prix pourrait se réduire à moins de 9 c., d'après les prix ci-dessous calculés, pour soixante personnes :

7 litres et demi de gélatine. . . .	75 c.
Un demi-boisseau de pommes de terre.	25
2 litres et demi de haricots. . . .	50
Assaisonnement.	15
Oignons.	10
Graisse.	40
Combustible.	50
Main-d'œuvre et gain de l'aubergiste.	2 f. 65
Total pour soixante personnes.	5 f. 30 c.

On peut extraire de la gélatine de toute espèce d'os : son prix dépendra du plus ou du moins de recherche apporté dans le choix des matières premières. Dans beaucoup de cas, la quantité de graisse obtenue sera plus que suffi-

---

sont d'un demi-litre et que celles des aubergistes sont plus petites, et qu'ils ne donnent en général que des ragoûts de choux, de haricots et de pommes de terre, légumes à fort bon marché.

sante pour payer les frais, si même dans les os les plus communs on a le soin de réserver ce qui peut être propre à d'autres usages, et de n'employer que les parties les plus riches en graisse, telles que les jointures, vertèbres, etc. Cette gélatine, qui ne coûtera effectivement rien, peut être utilement employée à animaliser les grains et les farines destinés à l'engrais des animaux qui recherchent les substances animales et les digèrent fort bien. Ne pourrait-on pas aussi animaliser du son, des farines d'orge, d'avoine, de maïs, de sarrasin, etc., en calculant les doses de manière à les rendre semblables aux meilleures farines de froment, par l'addition d'un *gluten* artificiel ? Ces farines pourraient être employées à l'engrais des bestiaux de toute espèce, et si l'expérience prouvait que ce mode d'engrais est praticable et avantageux, on pourrait employer les squelettes du cheval, du chien, du bœuf et du mouton à l'engrais de la viande de boucherie : ce serait, il faut en convenir, une nouvelle et singulière métempsycose des corps.

La gélatine peut avoir de nombreuses applications dans les arts : elle peut remplacer la corne de cerf, la colle de poisson, etc. *Papin* avait remarqué qu'elle pouvait donner beau-

coup de consistance au feutre et améliorer la
fabrication des chapeaux (1). Il l'avait également employée à la conservation des fruits (2);
il avait réussi sur quelques espèces, et sur d'autres le résultat de ses expériences avait été
moins positif. Dans tous les cas, la gélatine
avait pris le parfum des fruits avec lesquels
elle avait été en contact et était devenue fort
agréable au goût. Cet habile physicien avait
même essayé de conserver ainsi des fleurs (3).
La couleur des roses et des œillets fut, au bout
de huit mois, légèrement altérée, et leur parfum avait aromatisé la gelée qui les envelop-
pait. La couleur du hyacinthe bleu n'avait
éprouvé aucune altération. « *Je crois*, dit-il
» à la fin du détail de ses expériences, *que*
» *cette manière de conserver les fruits vaut*
» *mieux que toutes celles qui sont en usage,*
» *tant pour le bon marché que pour conserver le*
» *goût du fruit* (4). »

Il est à désirer que ces expériences soient
répétées et appliquées principalement à la con-

---

(1) Page 119.
(2) Page 37 et suivantes.
(3 Page 62.
(4) Page 67.

servation de quelques légumes verts, que l'on ne se procure que dans certaines saisons. Il est probable que les résultats seraient satisfaisans, et que les légumes conservés, étant ainsi parfaitement animalisés, seraient plus agréables au goût et d'une digestion plus facile.

On peut aujourd'hui dire avec vérité que *Papin* fut aussi utile à l'humanité que profond dans les sciences. Ce sera un nouveau titre à joindre à l'hommage qu'un savant illustre, (1) vient de rendre à son génie. La postérité vengera ainsi sa mémoire de l'oubli dans lequel elle avait été plongée pendant si long-temps. Cet homme étonnant pour son siècle semblait en avoir le pressentiment lorsqu'il écrivait ces lignes (2) : « *Les gens ne sont pas si prompts à* » *donner dans les nouveautés : chacun se tient* » *sur ses gardes et on est bien aise de voir les* » *autres sonder le gué. Cet écrit nous en four-* » *nit une bonne preuve ; car il confirme assez* » *clairement que le digesteur est une invention* » *utile, fondée sur de bons principes et appuyée* » *par l'expérience; cependant, depuis cinq ans* » *que j'ai publié cette découverte, il n'y a que*

(1) M. *Arago*, membre de l'Académie des Sciences. (Voyez l'*Annuaire du Bureau des longitudes* de 1829.)

(2) Préface de la seconde partie de la continuation , etc.

» *peu de personnes qui se soient mises à en*
» *faire usage : on sait même que quand l'in-*
» *vention des moulins à vent et à eau était*
» *nouvelle,* Pline, *quoiqu'il fût un des plus*
» *habiles gens de ce temps-là, ne traitait ces*
» *machines que de simple curiosité; il n'y a eu*
» *que le temps qui ait bien fait voir combien*
» *elles étaient avantageuses.* »

Il faut espérer que nos efforts ne seront pas aujourd'hui infructueux : les circonstances ne sont pas les mêmes. L'instruction, généralement répandue, ne permet pas de douter que ce procédé n'ait de nombreuses applications.

Le premier appareil construit d'après le système de M. *D'Arcet* était destiné à fournir des dissolutions de gélatine à la cuisine de l'hôpital de la Charité. Son service n'a été régulier que vers la fin de janvier, époque à laquelle je faisais construire celui de la Monnaie des médailles.

M. *D'Arcet* vient de publier la description de cet appareil, et quoique celui de la Monnaie des médailles soit établi sur le même principe, il est utile de le faire connaître, parce que les modifications que j'y ai apportées peuvent rendre son emploi plus approprié à certains usages.

L'appareil de l'hospice de la Charité ne peut fournir que de la gélatine dissoute dans de l'eau. Cette dissolution, versée dans les chaudières de la cuisine de l'établissement, y reçoit les autres préparations. Un appareil de ce genre eût été insuffisant pour l'usage auquel je le destinais ; la gélatine dissoute dans de l'eau n'eût pu être employée par les ouvriers : il se serait présenté de grandes difficultés, soit pour la transformer en bouillon, soit pour l'employer à la préparation des ragoûts ; il aurait fallu créer un grand nombre de cuisines particulières, pour lesquelles les connaissances premières et le temps eussent également manqué ; le but que je me proposais n'aurait pas été atteint si mon appareil n'avait pu servir à la fois à la préparation des alimens et à l'extraction de la gélatine des os. Il était bon qu'il n'exigeât aucune surveillance, aucun soin, et que sa marche fût régulière la nuit comme le jour. J'ai dû appliquer à sa construction toutes les ressources offertes par les connaissances acquises, tant pour atteindre le plus haut degré de perfection que pour prévenir les accidens de tout genre. Je suis loin d'oser espérer avoir rempli la tâche que je m'étais imposée : il n'est pas douteux que ce premier essai ne soit destiné à recevoir

d'importantes modifications. La publicité que je lui donne ne sera pas, sous ce rapport, sans utilité, et je dois prévenir que si, depuis plus de deux mois que je m'en sers, j'y ai apporté de légères modifications, elles ont été peu importantes, et qu'il remplit entièrement le but que je m'étais proposé.

Le premier appareil que j'ai fait construire est portatif, de forme cylindrique; il est représenté *fig.* 1 et 2, *Pl.* 386. J'en ai fait construire un second, parce que je crois qu'il est bon d'avoir un double équipage de chaudières à vapeur, pour qu'un service aussi important n'éprouve pas d'interruption. Les conséquences en seraient d'autant plus fâcheuses, que leur résultat serait de rappeler les ouvriers à leurs anciennes habitudes, et de perdre ainsi tous les efforts et les sacrifices qu'on aurait faits pour leur en donner de nouvelles.

Ces deux appareils sont à peu près semblables dans leurs détails, et la seule différence qu'offre la forme des chaudières m'a été imposée par la localité. Les formes rondes ont l'avantage d'offrir plus de résistance et de permettre de diminuer les épaisseurs : les meilleures dimensions pour les chaudières de ce genre sont 1 de largeur sur 4 de longueur. (Voyez *fig.* 12.)

On peut objecter le rayonnement du calorique contre les chaudières cylindriques ; mais je ne pense pas que cet inconvénient puisse compenser leurs avantages.

Mon appareil se compose d'une chemise en tôle ou en maçonnerie, d'une chaudière à vapeur, d'une chaudière plus petite entrant dans la première, dont elle forme le couvercle et sert à renfermer le bain-marie ou le bain de vapeur, d'une marmite pour la cuisson des alimens, d'un couvercle, d'un tuyau de distribution de la vapeur, de six cylindres, d'un flotteur, d'une machine pour briser et concasser les os.

La *Pl.* 386 représente le plan général de l'appareil à demeure, et les coupes verticale et horizontale de l'appareil portatif.

On voit dans la *Pl.* 387 les élévations et les coupes longitudinale et latérale de l'appareil à deux chaudières.

Les détails des différentes pièces dont il se compose sont représentés *Pl.* 388.

Fig. 1, *Pl.* 386. Coupe verticale de l'appareil portatif sur la ligne *c d* de la *fig.* 2.

Fig. 2. Coupe horizontale prise au niveau de la ligne *a b*, *fig.* 1.

Fig. 3. Plan général de l'appareil complet à deux chaudières.

Fig. 4. Tuyaux distributeurs de la vapeur, vus en dessus.

Fig. 5. Vue de face du tube indiquant le niveau de l'eau dans la chaudière.

Fig. 6, *Pl*. 387. Coupe verticale du fourneau et des marmites, dont l'une est vue en élévation avec ses accessoires.

Fig. 7. Coupe latérale du fourneau, de la chaudière et de l'une des marmites, et vue de face des cylindres.

Fig. 8. Section verticale de la boîte renfermant le flotteur.

Fig. 9. La soupape pour la rentrée de l'air dans la marmite, vue en coupe et en dessus.

Fig. 10. Mécanisme du régulateur du feu, vu en plan et en élévation.

Fig. 11. Disposition du flotteur, montrant l'arrivée et la sortie des divers tuyaux qui y aboutissent.

Fig. 12. Coupe longitudinale de la chaudière et élévation de la marmite, dans les dimensions les plus convenables à donner à ces pièces.

Cette figure n'est qu'une simple indication ; elle est, ainsi que la précédente, dessinée sur une plus petite échelle.

Fig. 13, *Pl*. 388. Bride du couvercle, vue en élévation et en plan.

Fig. 14. Croisillon en fer pour maintenir les couvercles des cylindres.

Fig. 15. Un des cylindres, vu séparément.

Fig. 16. Autre cylindre plus petit.

Fig. 17. Cylindre en toile métallique entrant dans le cylindre précédent, et dans lequel on met les os concassés.

Fig. 18. Maillet en bois dur, garni en dessous d'une plaque en fonte taillée en pointe de diamant.

Fig. 19. Couvercle de la marmite vu en élévation et en plan.

Fig. 20. Marmite vue en coupe.

Fig. 21. Autre marmite qui reçoit la précédente et se place dans la chaudière à vapeur.

Fig. 22. Chaudière à vapeur, vue de face.

Fig. 23. La même, vue de profil.

Fig. 24. Billot surmonté d'une plaque de fonte taillée en pointe de diamant, sur laquelle on casse les os.

Fig. 25. Plan de la plaque de fonte fixée sur le billot.

Fig. 26. Virole en plan et élévation.

Fig. 27. Boîte qui reçoit les os.

Fig. 28. Plan et coupe d'un disque en fonte avec de profondes cannelures concentriques, sur lequel on brise les os sous le balancier.

Les mêmes lettres indiquent les mêmes objets dans toutes les figures.

A, fourneau en tôle ou en maçonnerie, convenablement percé pour donner passage aux
diverses pièces de l'appareil; B, chaudière à vapeur d'une épaisseur proportionnée à sa forme,
à la pression qu'elle doit soutenir et à la nature
du métal dont elle est composée; C, chaudière
plus petite que la chaudière à vapeur, logée
dans son intérieur, et lui servant de couvercle :
elle est destinée à recevoir le bain-marie ou le
bain de vapeur : de forts boulons la réunissent
avec les bords de la chaudière à vapeur; D,
marmite pour la cuisson des alimens; elle est en
fer-blanc, avec deux fortes anses à charnière;
on peut y cuire les alimens de trois manières
différentes : 1°. à la vapeur, en ne mettant pas
d'eau dans son intérieur, et en introduisant la
vapeur par le robinet *l, fig.* 3; 2°. comme marmite ordinaire, au bain-marie ou au bain de
vapeur; 3°. dans un bain d'air échauffé, comme
dans un four; E, couvercle de la marmite aussi
en fer-blanc; sa base est garnie d'étoffe, ce qui
le rend élastique et capable de supporter la compression d'une garniture en fer : le couvercle
est enveloppé de laine; F, tuyau distributeur
de la vapeur; G, cylindres en fer-blanc, dans

lesquels s'opère l'extraction de la gélatine (1);
deux de ces cylindres ont une capacité double
de celle des quatre autres : on peut donc considérer leur ensemble comme formant quatre
capacités égales. Il est bon d'avoir quatre cylindres, parce que ce n'est qu'au bout de qua-
tre-vingt-seize heures que les os se trouvent
entièrement dépouillés de tous leurs principes
nutritifs. On renouvelle alternativement, toutes les vingt-quatre heures, les os de chacun des
cylindres ; on mêle les dissolutions obtenues,
et l'on a ainsi une dissolution moyenne cons-
tante. Les petits cylindres sont construits d'a-
près les proportions les plus convenables pour
la condensation ; elle est activée, dans les grands
cylindres, par des serpentins en plomb qui les
entourent ; l'eau renfermée dans leur partie
inférieure et chauffée à près de 100 degrés, au
moyen d'une quantité de calorique qui serait

---

(1) Les cylindres en fer-blanc offrent à la fois résistance
suffisante et modicité dans le prix ; mais ils exigent de fré-
quentes réparations. Il est préférable d'apporter moins d'é-
conomie dans les dépenses premières et de faire des cylindres en tôle rivée, doublée d'une feuille d'étain le
plus pur possible et d'une épaisseur d'un à deux millimètres. Dans ce cas, le cylindre est en étain , et la chemise
de tôle en est le soutien.

(139)

perdue, se rend dans la chaudière, active et
régularise la marche de l'appareil, et diminue
la consommation du combustible : l'eau, échauffée dans la partie supérieure, se rend au robinet, et est employée pour les besoins de la
cuisine; H, tuyau par où s'échappe la fumée; I,
foyer qui doit être assez grand pour contenir la
quantité de combustible pour le service de la
nuit : la quantité de vapeur à produire servira
à calculer son volume; J, grille; K, cendrier;
L, baquet pour recevoir la dissolution de gélatine; M, flotteur qui sert à maintenir un niveau constant dans les chaudières.

a, robinets pour l'introduction de l'eau; *b*,
robinets pour l'introduction de la vapeur provenant d'une chaudière employée dans l'établissement à d'autres usages; *c, fig.* 1, tube en
verre avec ses accessoires, indiquant la hauteur
de l'eau dans la chaudière; *d*, robinet de vi-
dange de la chaudière; *e*, tuyau de sortie de
la vapeur; *f*, régulateur du feu d'après le système de *Bonnemain*. On appelle ainsi un instrument qui se place dans l'intérieur du fourneau
ou des chaudières, et qui en règle la température. Celui qui est établi dans le fourneau cylindrique a été exécuté d'après les détails con-
signés dans le N°. CCXLII du *Bulletin* de la

Société. Le régulateur placé dans les chaudières rectangulaires est construit sur le même principe, mais il est plus simple; *g*, *fig.* 3, 4, 6, 7 *et* 22, tuyau pour l'introduction de l'eau, au moyen de robinets différens; on peut diriger l'eau dans l'une ou l'autre chaudière, ou dans les deux à la fois; *h*, *fig.* 3 *et* 4, tuyau aboutissant aux robinets *b b*, et servant à l'introduction de la vapeur provenant d'une autre chaudière. Cette disposition est spéciale pour les usines qui ont des machines ou des chauffages à vapeur; *i*, soupape de sûreté; *k*, prise de vapeur ménagée pour différens services; *l*, robinet d'introduction de la vapeur dans l'intérieur du bain-marie; *m m*, oreilles auxquelles tient la bride du couvercle; *n*, petit robinet que l'on ouvre pour laisser sortir la vapeur, afin d'avoir la facilité d'ouvrir l'appareil; *o*, garniture en fer qui exerce une pression sur la jonction du couvercle avec la chaudière; *p*, bride en fer, et vis de pression du couvercle; *q*, robinets au moyen desquels on ouvre la communication de la vapeur avec le tuyau *e*; *r*, soupape adaptée au tuyau F, et disposée de manière à permettre, dans un cas de refroidissement subit, l'introduction de l'air dans l'appareil : il se forme alors un vide, et la gélatine contenue dans les

cylindres serait, sans cette précaution, aspirée par la marmite; *s*, rondelles en métal fusible; *t*, manomètre indiquant la pression. On peut employer indifféremment un thermomètre ou un manomètre; mais le premier de ces instrumens est préférable; *u*, tuyau conduisant la vapeur dans les cylindres; *v*, *fig.* 16, disque de fer-blanc, servant de couvercle au cylindre; on place à la jonction une rondelle de carton; *x*, *fig.* 17, enveloppe en toile métallique entrant dans le petit cylindre, et dans laquelle on met les os concassés, pour être exposés à l'action de la vapeur; *y*, tuyau d'introduction de la vapeur dans les cylindres; *z z*, robinets pour extraire la dissolution formée.

a', *fig.* 1 et 2, grand tube de tôle du régulateur du feu, en communication avec la chaudière, au moyen des tuyaux alimentaires des niveaux d'eau; *b'*, tige de plomb soudée au fond du tube *a'*; *c'*, tige de cuivre soudée au bout de la tige de plomb; *d'*, fermeture du grand tube de tôle *a'*; elle est garnie d'une boîte à étoupes, dans laquelle passe la tige *b'*; *e'*, levier appuyé sur l'extrémité de la tige *b'*, et multipliant douze fois la dilatation de la tige de plomb; la vis qui est à son extrémité règle sa position; *f'*, second levier multipliant douze fois le mouvement du premier levier ; un contrepoids sert à le maintenir en place ; g', écrou auquel est attachée la tringle destinée à ouvrir ou fermer la soupape par laquelle l'air entre dans le fourneau ; cet écrou est à coulisse sur le levier f', afin que l'on puisse le placer suivant la température désirée ; h', soupape du régulateur. Dans les fourneaux de forme rectangulaire et construits à demeure, le régulateur a été placé horizontalement au fond de la chaudière. Cette disposition, qui a permis de supprimer la boîte à étoupes d', augmente la sensibilité de l'instrument, et la différence de dilatation du plomb et du fer doit être plus forte, ce dernier métal étant isolé ; i', tube de plomb ouvert par une de ses extrémités, et fixé contre les parois de la chaudière ; k', tige de fer soudée à l'une des extrémités du tube i'; il se retire ou s'avance, suivant le degré de contraction ou de dilatation du plomb ; l', plaque de fer sur laquelle sont placés les leviers ; m' n', leviers multipliant le mouvement de la tige k' : j'ai cru utile de placer également une soupape dans les cheminées H H ; elle est mue par le régulateur, et obvie aux accidens qui pourraient nuire à l'exactitude de l'instrument ; o', *fig.* 41, chapiteau en fer pour résister à la pression ; p',

brides du cylindre, et vis de pression ; q', *fig.* 3 et 7, grand cylindre ayant la même hauteur que les petits cylindres, et une capacité double. Son diaphragme, son tuyau d'introduction de la vapeur, son robinet pour l'extraction de la gélatine, son couvercle, son chapiteau et la bride sont semblables aux parties analogues des petits cylindres ; r', partie supérieure du serpentin qui fournit de l'eau bouillante pour les usages de la cuisine ; s', tuyau amenant au robinet t' l'eau chauffée dans la partie supérieure du serpentin ; t', robinet de sortie de cette eau ; u', partie inférieure du serpentin fournissant aux chaudières de l'eau échauffée ; v', soupape d'introduction de la boîte du flotteur ouvrant en dedans ; x', tuyau d'introduction de l'eau du réservoir ; ce réservoir est placé à une hauteur calculée sur la pression ; y', tuyau de départ de l'eau qui se rend dans les chaudières ; z', tuyau d'introduction de la vapeur dans la capacité de la boîte du flotteur pour maintenir l'équilibre dans la pression. L'eau condensée dans les tuyaux de plomb se rend dans cette même boîte ; cette précaution est essentielle pour n'avoir pas de plomb dans la dissolution.

Je brise les os dans la boîte, *fig.* 27, sous le

balancier de la Monnaie des médailles. Ce moyen pourrait être appliqué aux usines qui ont des presses hydrauliques ou autres moteurs capables de produire de fortes compressions.

Il est très important que les os soient concassés en très petits fragmens. Cette préparation accélère et facilite l'extraction de la gélatine. Dans les établissemens où l'on n'a pas à sa disposition un moteur pour concasser les os, on peut se servir d'un tas et d'un maillet garnis en fer, et remplacer le manche du maillet par un grand bras de levier qu'on ferait mouvoir comme celui d'un martinet. On peut aussi employer la batte à ciment ou un mortier et son pilon, en ayant soin de l'envelopper. d'une toile pour empêcher les éclats d'os de se répandre au loin; un mouton ou un moulin faisant marcher deux cylindres cannelés entre lesquels les os sont broyés, etc. Il faut, en général, éviter de produire de la chaleur par des coups trop répétés, parce qu'alors les os contractent un goût d'empyreume ; on doit les humecter pendant l'opération.

Malgré les expériences positives faites en même temps à l'hôpital de la Charité et à la Monnaie des médailles, l'adoption générale de

ce procédé éprouvera encore des difficultés. Un sentiment de défiance pour les choses nouvelles, l'ignorance de la classe à laquelle cette innovation doit être particulièrement utile , les préjugés existans, des habitudes nouvelles à créer, de vieilles routines à déraciner, la négligence des agens subalternes auxquels sera confié le soin de l'appareil, etc., sont des motifs trop puissans pour ne pas donner des craintes malheureusement fondées. Quoiqu'il ne puisse plus y avoir aujourd'hui de doute sur les résultats et leur immense avantage, ce n'est cependant que des lumières, du zèle et de la prudence éclairée des administrateurs et des chefs d'établissemens que dépendra uniquement le succès. Je crois qu'il est important d'apprendre peu à peu aux classes inférieures à apprécier les ressources qui leur sont offertes. Cette observation est surtout importante pour les hôpitaux : l'imagination des malades exige beaucoup de ménagemens ; et tous les accidens seraient attribués à un régime nouvellement établi , si des gens valides n'en avaient précédemment fait usage pendant un certain temps. Il me semble qu'il serait prudent d'établir auprès d'une machine à vapeur quatre cylindres donnant 50 litres de dissolution gélatineuse par

jour; de transformer, au moyen d'une chaudière ordinaire, ces dissolutions en soupes et
en ragoûts, et d'éclairer ainsi le peuple par des
distributions gratuites continuées pendant un
espace de temps assez long. On doit, chez lui,
tout attendre de l'expérience et rien du raison-
nement; et quand un commencement d'habitude aura été contracté, il n'y aura plus aucun
inconvénient à établir un appareil proportionné
aux besoins. Les économies qui en seront le
résultat dédommageront en peu de temps des
premiers frais, et seront ensuite un moyen
d'améliorer la position des classes indigentes.

L'Administration ne doit jamais craindre de
manquer d'os. La substance nutritive renfermée dans les os de la viande consommée dans
chaque ville serait à peu près suffisante pour la
nourriture de la plus grande partie de sa popu-
lation. On pourrait, comme cela a lieu à Genève,
déposer des boîtes dans différens quartiers, engager les habitans à y déposer les os provenant
de leur consommation, et les porter ensuite
dans des bateaux construits dans le genre de
ceux qui servent à conserver le poisson. Les os,
étant ainsi dans l'eau courante, n'éprouveront
aucune altération; ils seront parfaitement lavés
et nettoyés. Cette opération pourrait être pro-

longée sans inconvénient, et il serait bon d'avoir deux bateaux ou un bateau à divers compartimens, qui seraient remplis et vidés alternativement ; et l'on serait ainsi assuré de s'approvisionner sans frais, et de faire disparaître l'éloignement qu'une répugnance bien ou mal entendue pourrait inspirer contre l'usage d'un aliment aussi sain qu'économique. On pourrait faire un choix dans ces os et réaliser un produit par la vente de ceux qui seraient jugés inutiles ou de mauvaise qualité.

Je crois utile de faire connaître un moyen de conservation pour la pomme de terre, légume dont l'usage est le plus général et dont le prix est le plus modique.

« L'usage des légumes frais, de préférence
» aux légumes secs ordonnés pour la nourri-
» ture habituelle des détenus dans les maisons
» centrales, a été trouvé possible pendant près
» de dix mois l'année. La pomme de terre par-
» ticulièrement peut être conservée et em-
» ployée presque jusqu'au renouvellement.

» On les place, à l'époque de la germination,
» sur des greniers assez aérés pour conserver
» de la fraîcheur. La pomme de terre se ride
» et a l'apparence de la détérioration : en la
» coupant, elle noircit ; mais on évite cet in-

» convénient en faisant tremper, le soir jus-
» qu'au lendemain , dans l'eau fraîche, la quan-
» tité de pommes de terre qu'on veut cuire. La
» pomme de terre se gonfle et offre une chair
» aussi fraîche que dans les premiers momens
» de sa récolte. »

Ce procédé est en usage dans la maison de détention de Haguenau. Cette note m'a été communiquée par l'entrepreneur des travaux de l'établissement.

RAPPORT

FAIT EN 1814,

SUR UN TRAVAIL DE M. D'ARCET,

AYANT POUR OBJET

L'EXTRACTION DE LA GÉLATINE DES OS

ET SON APPLICATION AUX DIFFÉRENS USAGES ÉCONOMIQUES (1);

PAR MM. LEROUX, DUBOIS, PELLETAN,
DUMÉRIL ET VAUQUELIN.

M. *D'Arcet* a présenté à la Société philantropique de la gélatine retirée des os par un procédé qui lui est particulier, en l'invitant à faire usage de cette substance pour les bouil-

(1) Ce rapport a été imprimé par ordre de la Faculté de médecine dans le tome XXXI, page 352 du *Journal de médecine, de chirurgie et de pharmacie*, etc., etc.

Il a été depuis réimprimé, soit en entier, soit par extrait, dans le tome XCII, page 300 des *Annales de chimie;* dans la treizième année, page 292 du *Bulletin de la Société d'Encouragement*, dans le tome LXI, page 122 des *Annales d'agriculture;* dans le *Bulletin de la Société philomatique*, année 1815, page 60, et dans le *Journal de pharmacie*, en janvier 1815, p. 39. (*Note de M. D'Arcet.*)

lons et les soupes qu'elle fait distribuer aux convalescens et aux indigens.

Cette Société, dont le zèle pour le soulagement des malades et des pauvres ne s'est jamais ralenti, a nommé une commission pour examiner les avantages que pourrait offrir la gélatine préparée par M. *D'Arcet*. Après plusieurs conférences, auxquelles ont été appelés des savans distingués dans la chimie et dans l'économie domestique, elle a reconnu que la substance dont il s'agit offrait une économie assez considérable, et qu'il était possible de donner en rôti aux convalescens la plus grande partie de la viande employée à faire du bouillon.

Mais la Société philantropique s'étant toujours fait une loi de ne jamais adopter l'usage d'un aliment nouveau sans, au préalable, avoir pris l'avis de la Faculté de médecine, lui a renvoyé cette partie de la question ; savoir, 1°. si la gélatine de M. *D'Arcet* est nutritive, et à quel degré ; 2°. si son usage, comme aliment, est salubre et ne peut entraîner aucun inconvénient (1).

____

(1) On trouve dans le rapport qu'a fait la commission de la Société philantropique, et qui a été renvoyé à la Faculté de médecine, les détails des essais en grand qui ont été

C'était donc sur ces deux points que vos commissaires avaient à chercher des lumières pour éclairer le jugement que vous allez porter sur cet objet important. Cependant, quoique la préparation de la gélatine ne nous intéressât pas au même degré que son usage, nous avons cru devoir en prendre connaissance, en nous transportant au Gros-Caillou, dans la manufacture de M. *Robert*, où on nous a fait voir la série des opérations auxquelles sont soumis les os pour en obtenir la matière gélatineuse à l'état de pureté parfaite.

Jusqu'ici on a extrait la gélatine des os en les soumettant à l'action de l'eau bouillante pendant un temps toujours très long. Par cette méthode, qui exigeait la pulvérisation au moins grossière des os, on obtenait à peine le tiers de leur gélatine, encore était-elle en partie dénaturée par la longue action que l'eau et la chaleur exerçaient sur elle : ces difficultés se

---

faits à l'Établissement des soupes économiques, rue Saint-André-des-Arts, sous la surveillance et par les ordres de cette commission. Ce rapport est très intéressant ; les conclusions en sont favorables, et il est à désirer que la Société philantropique en ordonne l'impression. (*Note de M.* D'Arcet.)

sont opposées jusqu'ici à l'adoption des bouillons d'os dans les hôpitaux.

M. *D'Arcet* a suivi une marche entièrement
opposée; il enlève, au moyen de l'acide mu-
riatique étendu, le phosphate de chaux, et obtient la partie animale à l'état solide, et conservant encore la forme de l'os. Pour enlever à
cette substance les petites portions d'acide et
de graisse qu'elle retient, il la met dans des
paniers et la plonge ainsi, pendant quelques
instans, dans l'eau bouillante; enfin, après
l'avoir essuyée avec des linges, il l'expose à un
courant d'eau froide et vive, qui, en la nettoyant parfaitement, lui donne une demi-
transparence et de la blancheur.

Sans entrer dans de plus grands détails à ce
sujet, nous devons dire que l'établissement de
M. *Robert* ne laisse rien à désirer, tant pour
la propreté que pour la salubrité dans la préparation de cette substance.

Ainsi préparée et coupée par morceaux,
cette gélatine se dissout très promptement et
presque en entier dans l'eau bouillante. Veut-
on la conserver pour s'en servir en des temps
éloignés, il suffit de l'exposer sur des claies ou
des filets, entière ou coupée, dans un lieu sec
et chaud : alors, enfermée dans des futailles ou

des caisses, elle ne subit aucune altération et peut se conserver des milliers d'années avec toutes ses qualités.

Examinons maintenant, sous le rapport de l'économie, l'emploi de la gélatine de M. *D'Arcet* pour la préparation du bouillon. Quoique ce ne soit pas là le principal but de l'auteur, cependant il est en lui-même assez important pour mériter qu'on en parle.

Il est reconnu que, terme moyen, 100 kilogrammes de viande contiennent 80 kilogrammes de chair et de graisse, et 20 kilogrammes d'os; 100 kilogrammes de viande font, dans nos ménages, 400 bouillons d'un demi-litre chacun. Les os qui sont jetés ou brûlés donneraient 30 centièmes de gélatine sèche; conséquemment les 20 kilogrammes ci-dessus en fourniraient 6 kilogrammes, avec lesquels on ferait 600 bouillons. Le nombre de bouillons produits par les os est donc à celui de la viande comme 3 est à 2.

Mais la gélatine pure, n'ayant aucune saveur par elle-même, n'offrirait pas au palais et à l'estomac des malades et des convalescens affaiblis par la maladie cet appât et ce stimulant si nécessaires pour prendre et digérer cet aliment.

M. *D'Arcet* propose d'aromatiser les bouillons qui en proviennent avec des légumes, pour remplacer la matière extractive, l'osmazome et les sels de la viande, ou, ce qui nous paraît préférable, de remplacer seulement les trois quarts de la viande par de la gélatine.

Ainsi, avec 50 kilogrammes de viande on ferait autant de bouillon d'aussi bonne qualité qu'on en fait ordinairement avec 200 kilogrammes, en sorte qu'en estimant tous les frais et en les reprenant sur la viande il resterait de celle-ci au moins 100 kilogrammes, qu'on pourrait donner en rôti aux convalescens, qui le préfèrent avec raison au bouilli des hôpitaux, réduit presque à la fibre animale dépouillée de tout suc nourricier.

La nourriture des convalescens, des soldats et des indigens serait donc singulièrement améliorée, à prix égal, en adoptant les vues de M. *D'Arcet.*

Faisons ressortir cet avantage par quelques exemples.

1°. 100 livres de viande ne donnent que 50 livres de bouilli, et 100 livres de la même viande fournissent 67 livres de rôti; il y a donc près d'un cinquième à gagner en faisant usage du rôti.

2°. 100 livres de viande fournissent 50 livres de bouilli et 200 bouillons.

3°. 100 livres de viande, dont 25 pour faire le bouillon avec 3 livres de gélatine, donneront 200 bouillons et 12 livres et demie de bouilli, et les 75 livres restantes fourniraient 50 livres de rôti.

On voit donc que par ce moyen l'on a une quantité égale de bouillon de qualité supérieure et 50 livres de rôti; de plus, 12 livres et demie de bouilli : à la vérité, l'on a dépensé 7 francs 50 centimes pour la gélatine; mais 12 livres et demie de bouilli sont plus que suffisantes pour couvrir cette dépense. Nous devons donc conclure de ces faits que non seulement dans ce procédé on trouve une grande amélioration de la subsistance des indigens, mais encore une économie qui n'est point à négliger.

Cela étant démontré, passons maintenant à l'objet principal de notre mission, celui qui concerne d'une manière plus particulière la Faculté de médecine, et le seul sur lequel la Société philantropique l'a consultée, la propriété nutritive et la salubrité de la gélatine.

Quant à la première partie de cette question, il n'est personne qui, connaissant la nature de

la viande, ne soit convaincu que la propriété
nutritive qu'elle communique au bouillon ne
soit due, pour la plus grande partie, pour ne
pas dire en totalité, à la gélatine. Si l'expérience journalière n'en fournissait pas des preu-
ves irrécusables, nous les trouverions dans une
foule d'auteurs qui ont écrit sur ce sujet, et
qui tous regardent la gélatine comme la matière animale la plus nourrissante. Quelques
personnes pourront objecter que l'auteur de la
nature a accompagné de sensations agréables
l'exercice des fonctions qui ont pour but la
conservation des êtres organisés; que conséquemment la gélatine ne peut pas remplacer la
viande pour la préparation du bouillon, puisqu'elle est privée de sels et de cet extrait particulier nommé osmazome, qui donne la couleur,
l'odeur et la saveur, enfin l'agrément au bouillon.

Mais nous leur répondrons que ce principe
n'existe pas dans la chair du veau, dans celle
des volailles et du cochon, et que cependant
ces viandes sont très nourrissantes. Au surplus,
M. *D'Arcet* propose, ainsi que nous l'avons dit
précédemment, de remplacer la portion de ces
substances qui manque dans le bouillon de gélatine par une plus grande quantité de racines ,

telles que carottes, navets, oignons, panais, céleri, etc., dont les extraits sont en même temps savoureux, aromatiques et salés.

Mais l'expérience la plus convaincante et à laquelle tout le monde doit se rendre, c'est celle qui a été faite sous nos yeux, pendant trois mois, à l'hospice de clinique interne de la Faculté. On a préparé le bouillon avec le quart de la viande qu'on emploie ordinairement ; on a remplacé par de la gélatine et des légumes les trois autres quarts, qu'on a donnés en rôti, et les malades, les convalescens, et même les gens de service n'ont pas aperçu de différence entre ce bouillon et celui qu'on leur donnait précédemment ; ils ont été aussi abondamment nourris et très satisfaits d'avoir du rôti au lieu de bouilli.

Voilà donc déjà une partie de la question résolue. *Le bouillon fait d'après le procédé de* M. D'Arcet *est au moins aussi agréable que le bouillon ordinaire des hôpitaux :* quant à la seconde partie, la salubrité du bouillon, nous pouvons assurer que des quarante personnes qui en ont fait usage pendant trois mois, pas une n'a éprouvé quoi que ce soit qui puisse être raisonnablement attribué à la gélatine ; les maladies ont suivi leur marche ordinaire, et

les convalescences n'ont pas été plus longues
que dans d'autres circonstances.

Nous sommes donc en droit de conclure
avec certitude que non seulement la gélatine
est nourrissante, facile à digérer, mais encore
qu'elle est très salubre et ne peut, employée
comme le propose M. *D'Arcet*, produire par
son usage aucun mauvais effet dans l'économie
animale.

Ces avantages ne sont pas les seuls qu'on
pourra retirer de la gélatine extraite par le
procédé indiqué plus haut; il en est beaucoup
d'autres qui, quoique n'étant pas aussi direc-
tement du ressort de la Faculté, sont cependant assez importans pour qu'on nous permette
d'en dire un mot ici.

1°. Réduite en lames minces et séchées, elle
pourra servir aux marchands de vin pour col-
ler les vins blancs, aux limonadiers pour clarifier leur café, aux officiers pour faire des
gelées, des crèmes, et enfin elle pourra remplacer la colle de poisson dans tous ses usages.

2°. La gélatine simplement desséchée et coupée renferme sous un très petit volume une
grande quantité de matière nourricière; elle
pourra être embarquée pour faire la soupe aux
matelots dans les voyages de long cours, aux

soldats dans les villes assiégées , et même dans les camps et aux casernes (1).

---

(1) 20 grammes de cette gélatine sèche donnent autant de bouillon que 500 grammes ou une livre de viande ; 2 onces de gélatine sèche peuvent donc représenter 3 livres de viande : voici la manière de l'employer.

On pèse , le soir , la gélatine que l'on veut mettre le lendemain dans le pot-au-feu ; on la laisse tremper pendant la nuit dans l'eau froide , on l'en retire le lendemain matin , on la secoue bien et on la met avec la viande dans la marmite sans rien changer à ce qui se pratique ordinairement.

Quant aux doses à suivre , elles seront ce que l'on voudra ; si l'on veut n'aromatiser le bouillon qu'avec des légumes , on emploiera autant de fois 10 grammes de gélatine que l'on mettra de demi-litres d'eau ou que l'on voudra faire de bouillons , et on ajoutera les légumes comme on le fait de coutume. Il faudra avoir soin de mettre un peu de graisse de pot , de saindoux ou de graisse de bœuf dans la marmite , afin de saturer de graisse le bouillon et de lui donner ce que les cuisiniers appellent des *yeux :* on le colorera avec du caramel ou avec un oignon brûlé , une carotte cuite au four ou du pain grillé , et on aura ainsi un bouillon d'une saveur intermédiaire entre celle du bouillon gras et celle du bouillon maigre , mais qui nourrira de la même manière que le bouillon fait avec la viande.

Si on veut aromatiser le bouillon de gélatine avec la viande et le rendre comparable au bouillon qu'on sert chez les restaurateurs et dans les grandes maisons , on

3°. Mise à l'état de tablettes avec une certaine quantité de jus de viande et de racines,

pourra suivre la recette que voici, et dont une longue expérience garantit le succès. On préparera la gélatine, comme nous l'avons dit plus haut, en la pesant et la mettant tremper la veille dans l'eau froide. Nous supposerons que l'on veuille remplacer par de la gélatine les trois quarts de la viande, et que l'on désire faire huit bouillons ou préparer un pot-au-feu de 4 livres de viande, on mettra alors dans la marmite :

1 livre de viande ;

2 onces de gélatine sèche, que l'on a fait tremper dans l'eau pendant la nuit ;

4 pintes et demie d'eau.

On fait bouillir, on sale et on écume le pot-au-feu comme à l'ordinaire, c'est à dire comme s'il contenait 4 livres de viande ; on y met une livre et demie de légumes, savoir panais, carottes, oignons, poireaux, céleri, auxquels on ajoute trois clous de girofle, en ayant soin de faire cuire sous la cendre et un peu brûler un ou deux des oignons, à moins qu'on ne veuille colorer le bouillon avec des carottes cuites au four, ou avec un peu de caramel, comme cela se fait dans les grandes cuisines ; on ajoute un peu de graisse de pot, de saindoux ou de graisse de bœuf ; on continue le feu comme de coutume, de manière à faire toujours bouillir légèrement le pot-au-feu ; on agite doucement avec l'écumoire une fois par heure, et le bouillon se trouve fait dans l'espace de temps employé ordinairement pour cuire la viande. Toute la

elle fournira aux officiers de terre et de mer un excellent aliment. M. *D'Arcet* nous a fait

---

gélatine est alors dissoute, et on obtient huit bouillons d'une demi-pinte chacun, et environ une demi-livre de bouilli; plus, 2 livres de viande rôtie provenant des 3 livres de viande qui n'ont pas été mises dans le pot-au-feu : on aura donc en tout, avec 4 livres de viande et 2 onces de gélatine sèche :

Huit bouillons ;

Une demi-livre de bouilli ;

2 livres de viande rôtie :

Tandis qu'en suivant l'ancien procédé on n'aurait eu, avec 4 livres de viande, que

huit bouillons ;

2 livres de bouilli.

D'où il suit que dans le nouveau procédé il y a une grande amélioration non seulement dans la quantité, mais surtout dans la qualité de la nourriture obtenue.

Le bouillon fait de cette manière se prend facilement en gelée en refroidissant, ce qui n'arrive que rarement au bouillon de viande ; il a aussi l'avantage de se conserver plus long-temps que ce dernier dans les temps chauds et orageux.

La gélatine sèche peut encore être employée avec avantage dans les cuisines à la place de la colle de poisson. Comme elle n'a ni odeur ni saveur, les gelées qui en sont préparées prennent facilement les différens parfums que l'on veut y ajouter. Avec des sucs de fruits et du sucre, on en fait des gelées très agréables ; en y ajoutant du jus de

voir des échantillons de cette dernière préparation, qui surpassent en beauté et en qualité

---

viande, on prépare des gelées pour les daubes, et si on
y ajoute des amandes amères, etc., on en fait d'excellent
blanc-manger ; en un mot, elle peut remplacer complétement la colle de poisson, qui est aujourd'hui si chère. Nous
terminerons cette note en citant quelques exemples du
grand avantage que peut procurer l'emploi de la gélatine.

Une livre de viande ne peut donner que deux bons
bouillons ; mais dans presque tous les hôpitaux une livre
de viande sert à en préparer trois et même quatre : d'où il
suit que les malades ont de mauvais bouillon ; que ce
bouillon, trop étendu d'eau, s'aigrit en peu de temps, et
que le bouilli cuit dans une trop grande quantité d'eau a
perdu toute sa saveur et est absolument réduit à la fibre
animale.

En ajoutant dans la marmite la quantité de gélatine nécessaire pour rétablir le rapport qui doit exister entre l'eau
et la viande, on sent que l'on arrivera facilement à avoir
du bouillon beaucoup meilleur et de bon bouilli, et que
l'on pourrait même ainsi augmenter considérablement la
quantité de bouillon, sans en diminuer sensiblement la
bonté, puisque nous avons vu qu'il suffisait de mettre dans
la marmite un quart de viande, et de représenter les trois
autres quarts avec de la gélatine pour avoir de bon bouillon. La gélatine peut encore servir à améliorer considérablement les soupes économiques ; on sait que ces soupes,
qui ne sont composées que de substances végétales, s'aigrissent en quelques heures et fatiguent à la longue l'esto-

tout ce que nous avons connu jusqu'ici en ce genre.

4°. Enfin, elle pourra servir à fabriquer la colle-forte et la colle à bouche avec plus d'avantages que toutes les autres substances qui y ont été employées, les opérations en seront beaucoup moins longues et la colle infiniment meilleure. La ténacité de cette dernière, d'a-

---

mac ; en y ajoutant de la gélatine , ces soupes lesteraient l'estomac comme elles doivent le faire et nourriraient à la façon des soupes grasses, ce qui en rendrait l'usage beaucoup plus salutaire pour la classe indigente , qui souffre surtout par défaut de bonne nourriture.

La gélatine sèche est incorruptible ; une livre suffit pour faire cinquante bouillons : c'est donc une des substances alimentaires les plus riches, et son emploi améliorera certainement beaucoup la nourriture du marin à bord des vaisseaux , du soldat en campagne , du voyageur, et celle des grandes réunions d'hommes. Son usage ne rendra sans doute pas de services moins essentiels aux petits ménages, et surtout à cette classe nombreuse de la société chez laquelle le gain journalier peut à peine suffire à la nourriture de la famille.

La gélatine se vend , soit en gros, soit en détail, à la fabrique de l'île des Cygnes, n°. 4, au Gros-Caillou; on l'y trouve dans deux états, soit gonflée d'eau , et prête à être employée , soit desséchée et préparée de manière à pouvoir être conservée aussi long-temps qu'on le désire. (*Note de M.* D'Arcet.)

Fig. 3.

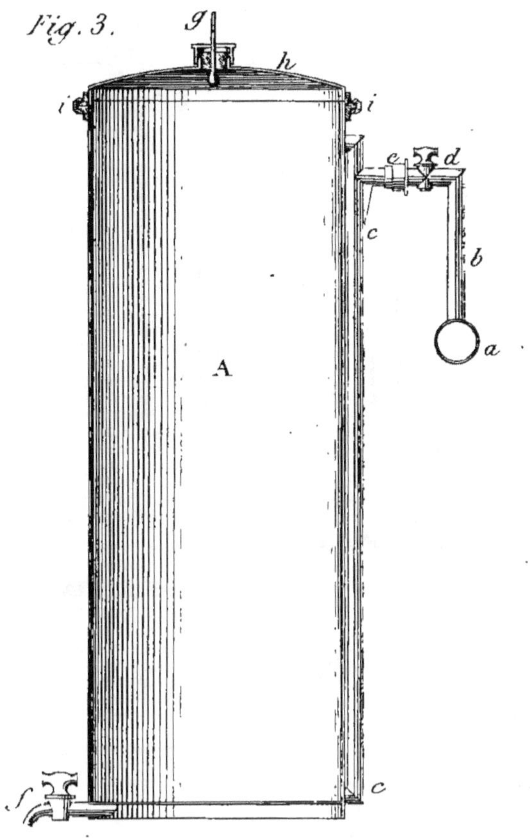

Fig. 6.

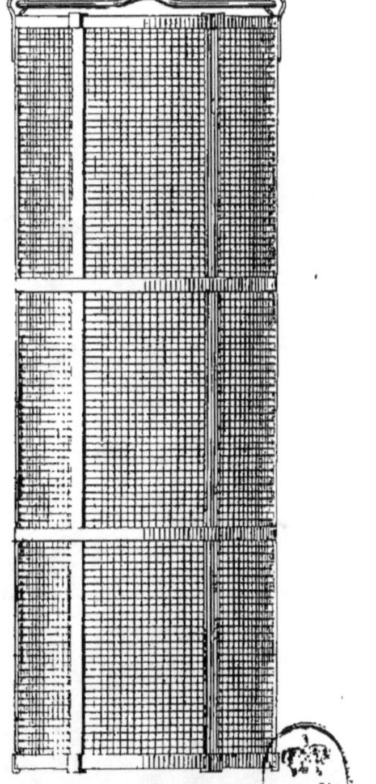

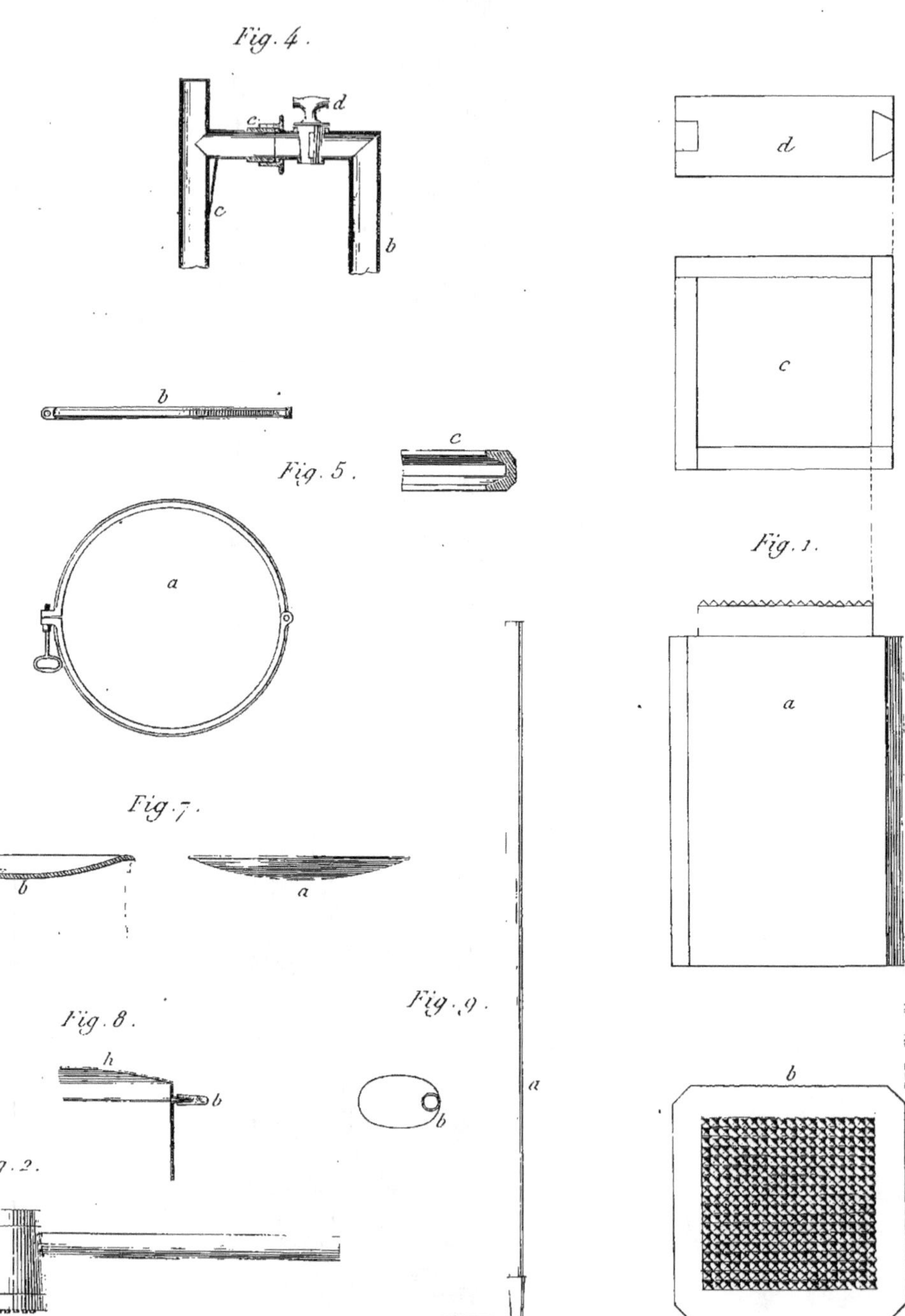
Fig. 4.
d
c
c
b
b
Fig. 5.
c
a
d
c
Fig. 1.
a
Fig. 7.
b
a
Fig. 8.
h
b
Fig. 9.
a
b
Fig. 2.
b

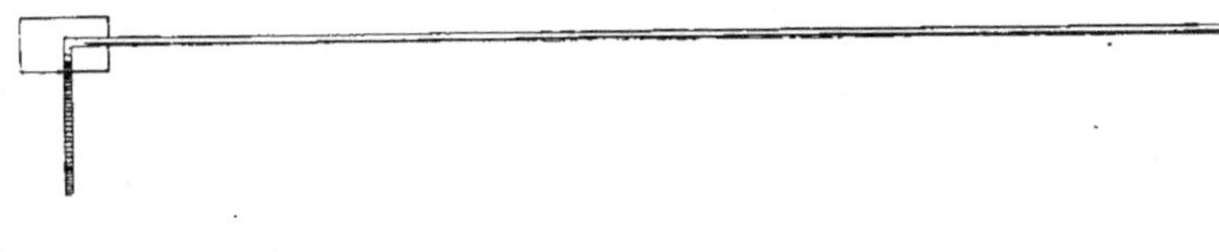

Fig. 2.

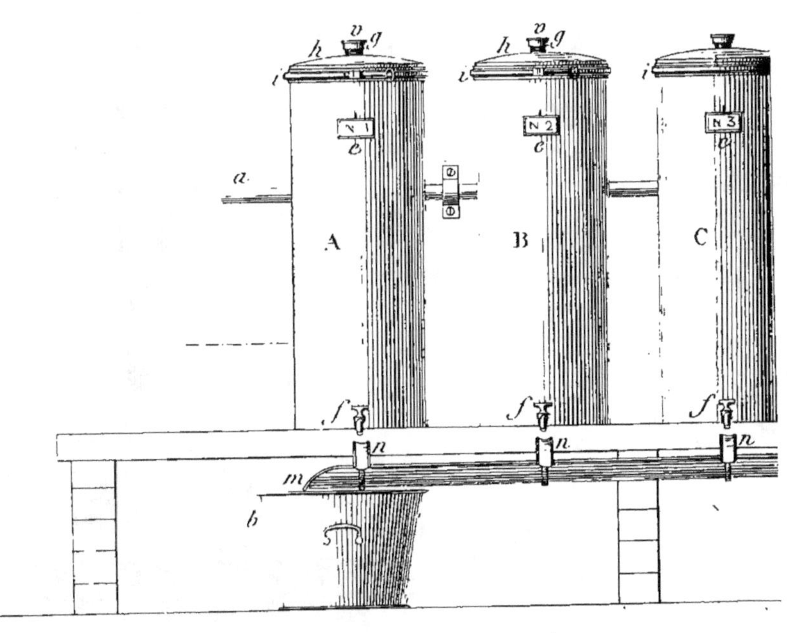

Fig. 1.

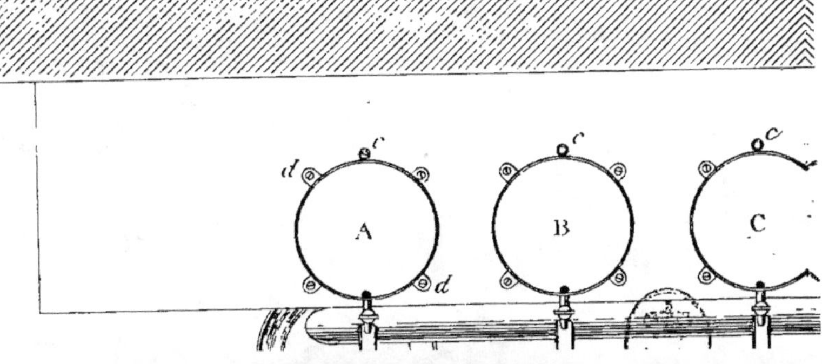

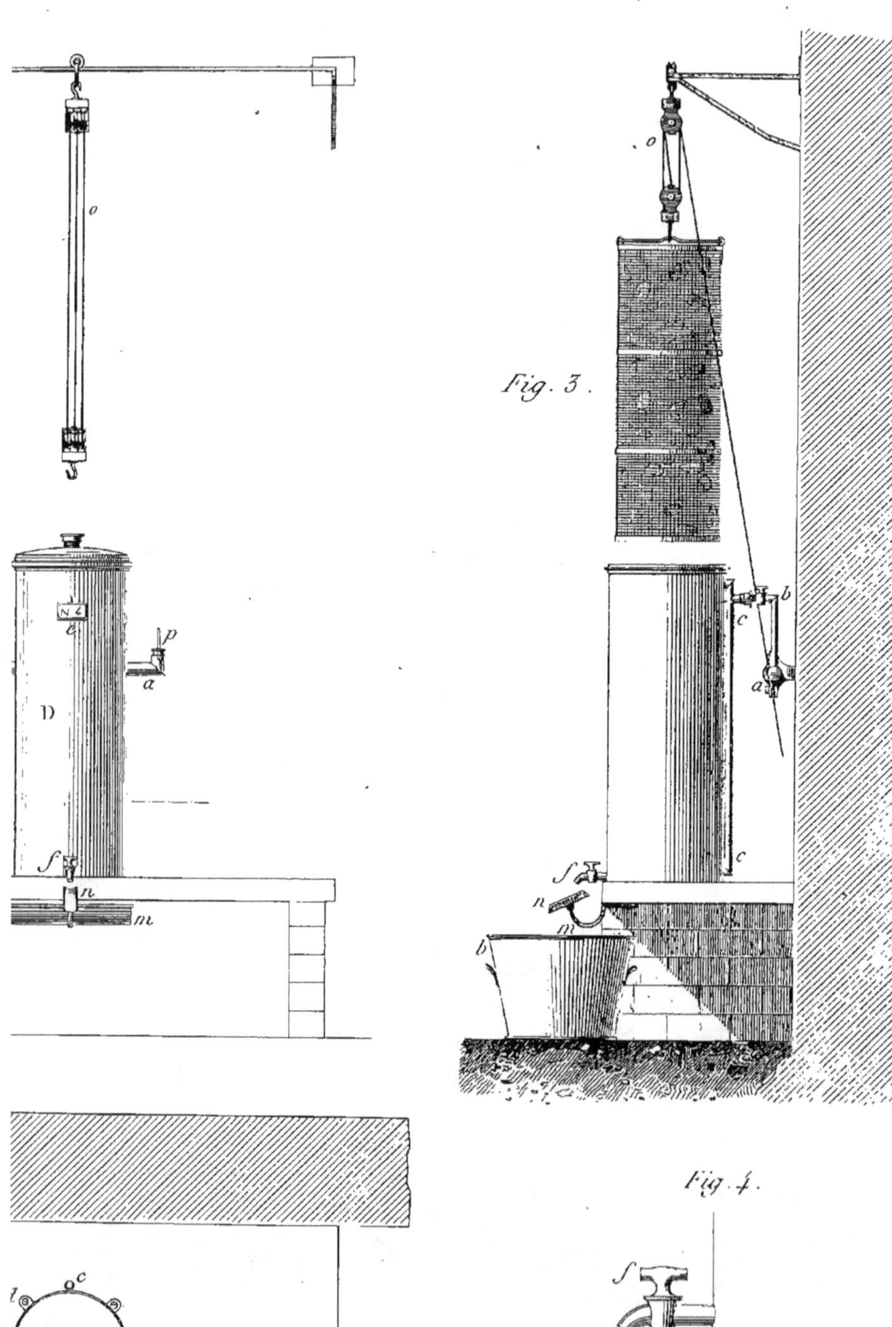
Fig. 3.
Fig. 4.

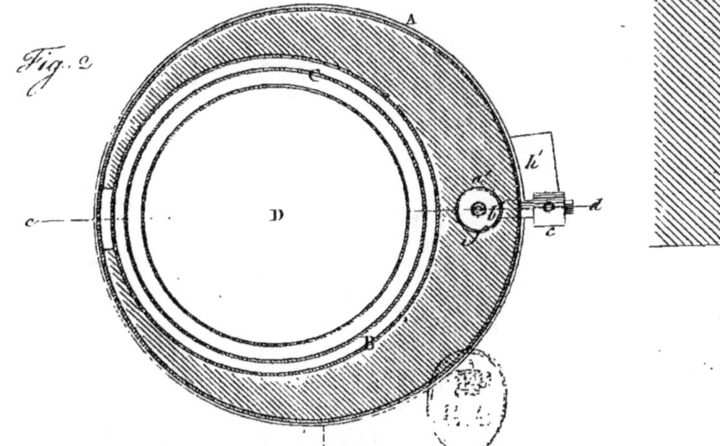
Appareil pour extraire la
Fig. 1. 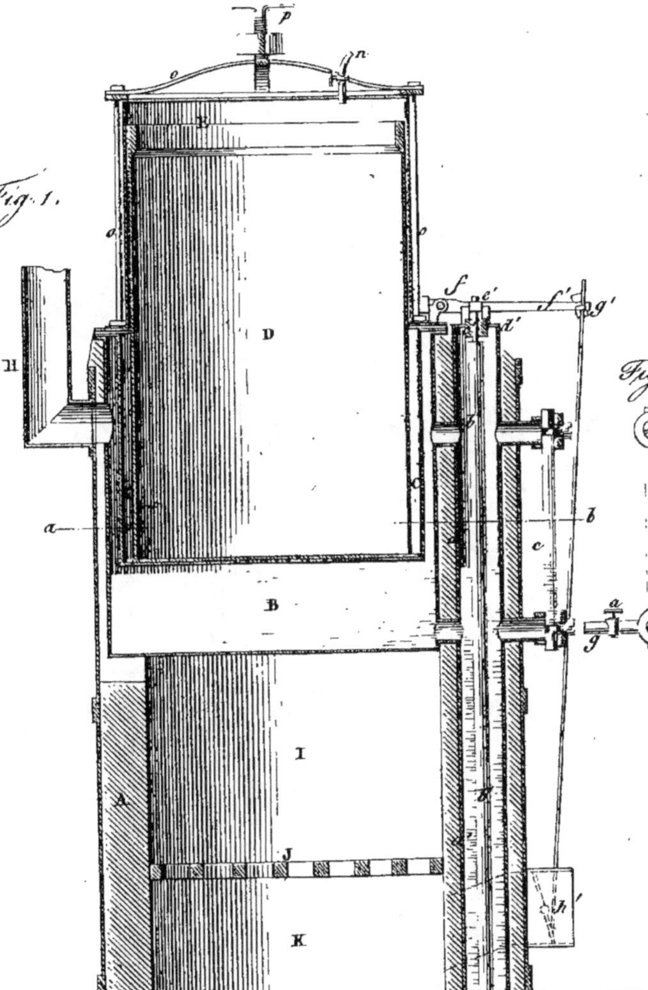
Fig. 2.
Fig. 5.
A
B
C
D
E
H
I
J
K
p
n
o
a
b
c
d

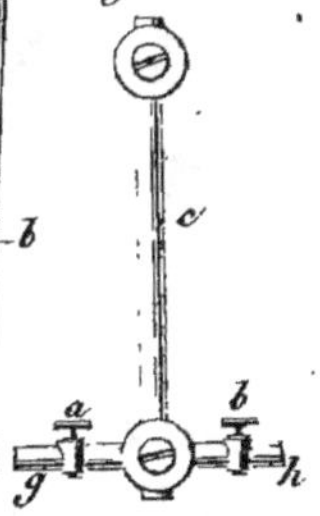

...tine des os par la vapeur, et pour préparer des substances
...ntaires, par Mr. A. de Puymaurin.

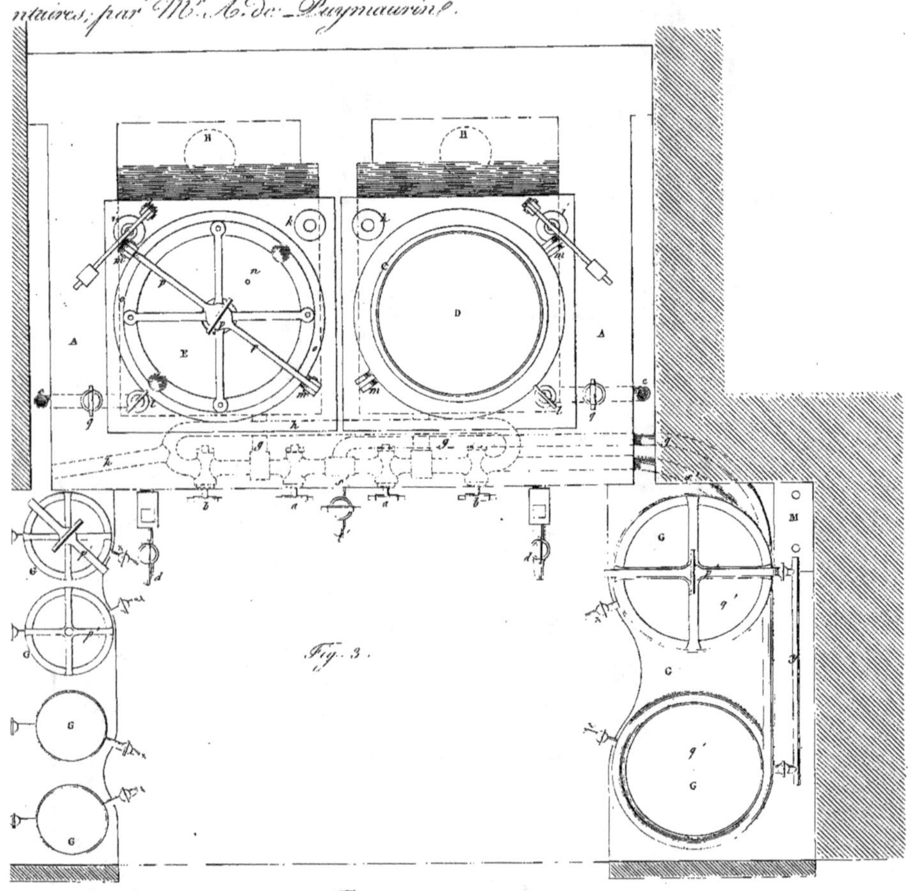

Fig. 6.

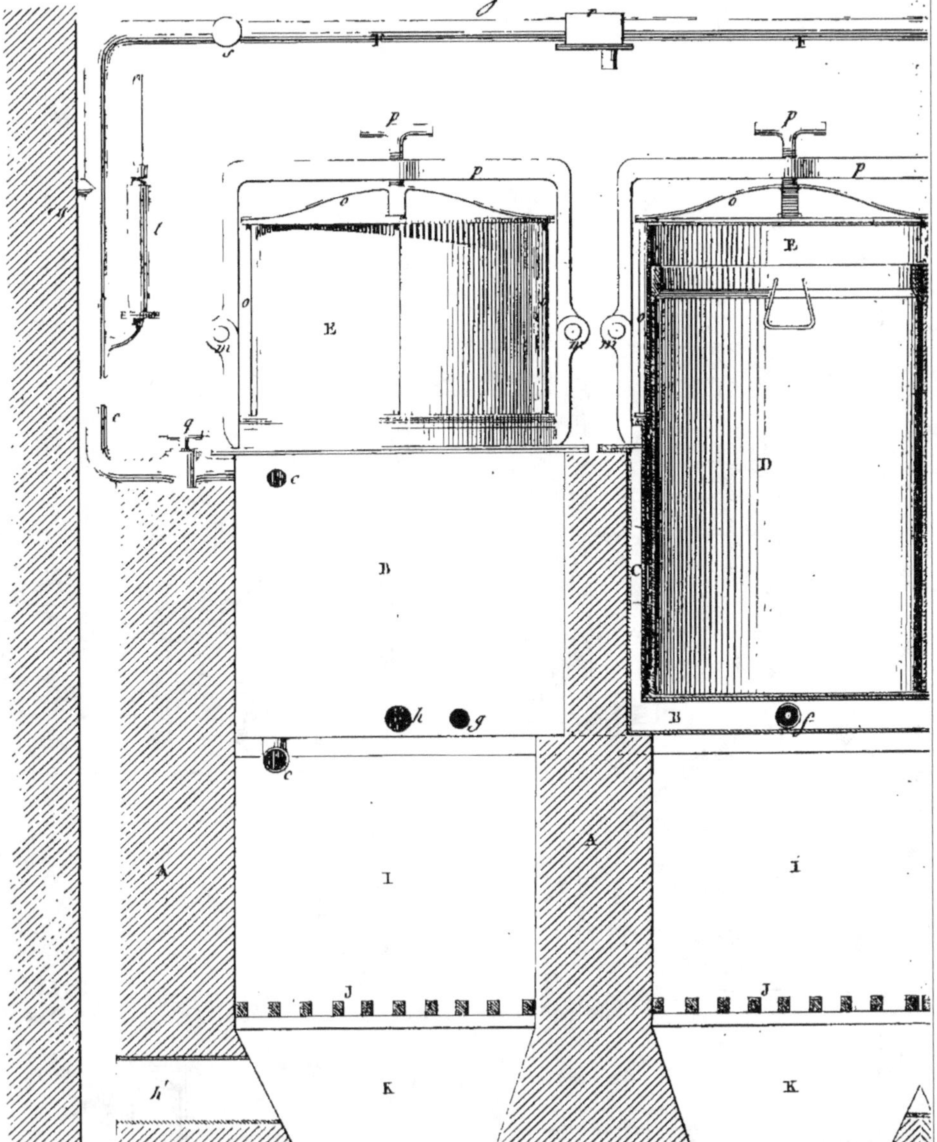

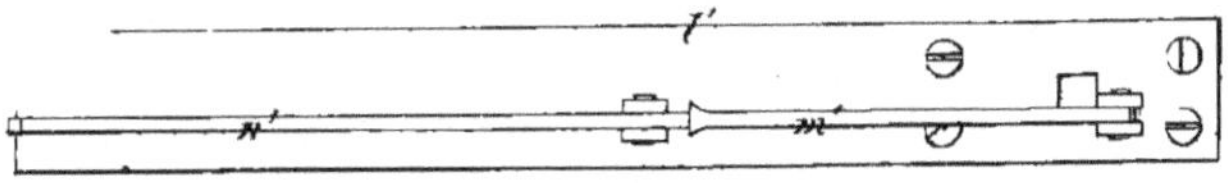

Fig. 10.

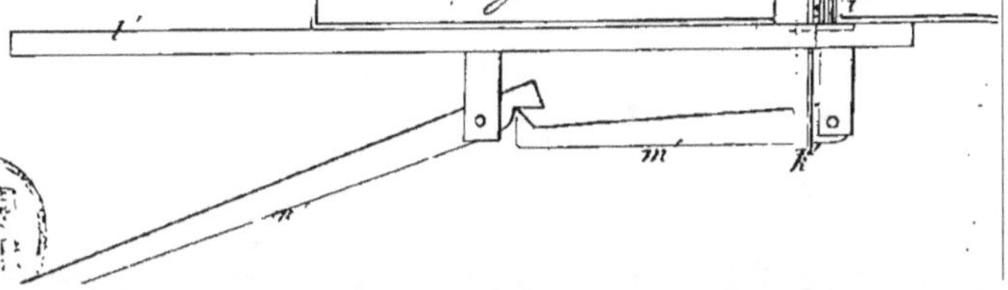

Appareil pour extraire la gélatine des os et pour préparer des ...nces alimentaires, par M. A. de Puymaurin.

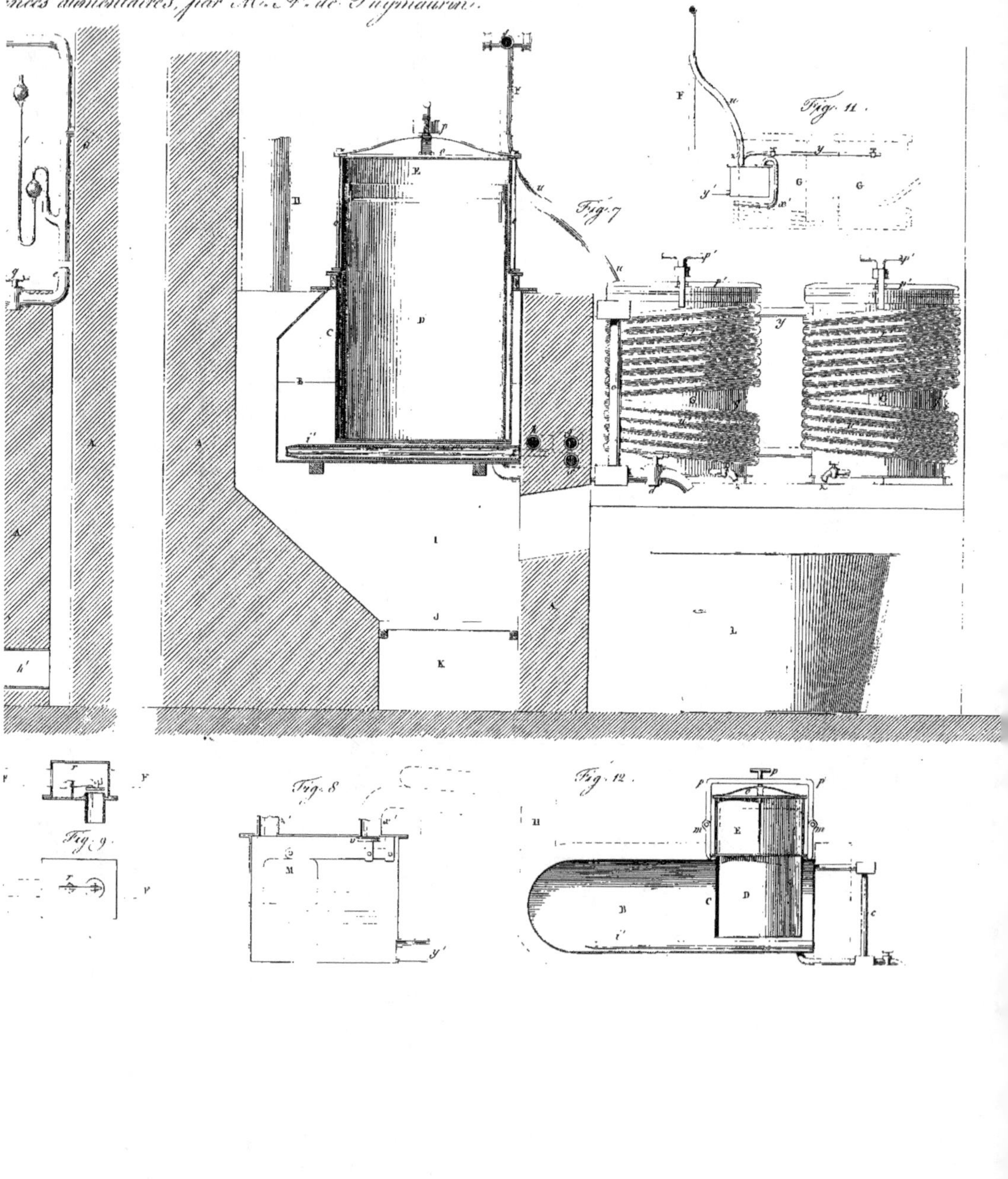

Fig. 7

Fig. 8

Fig. 9

Fig. 11

Fig. 12

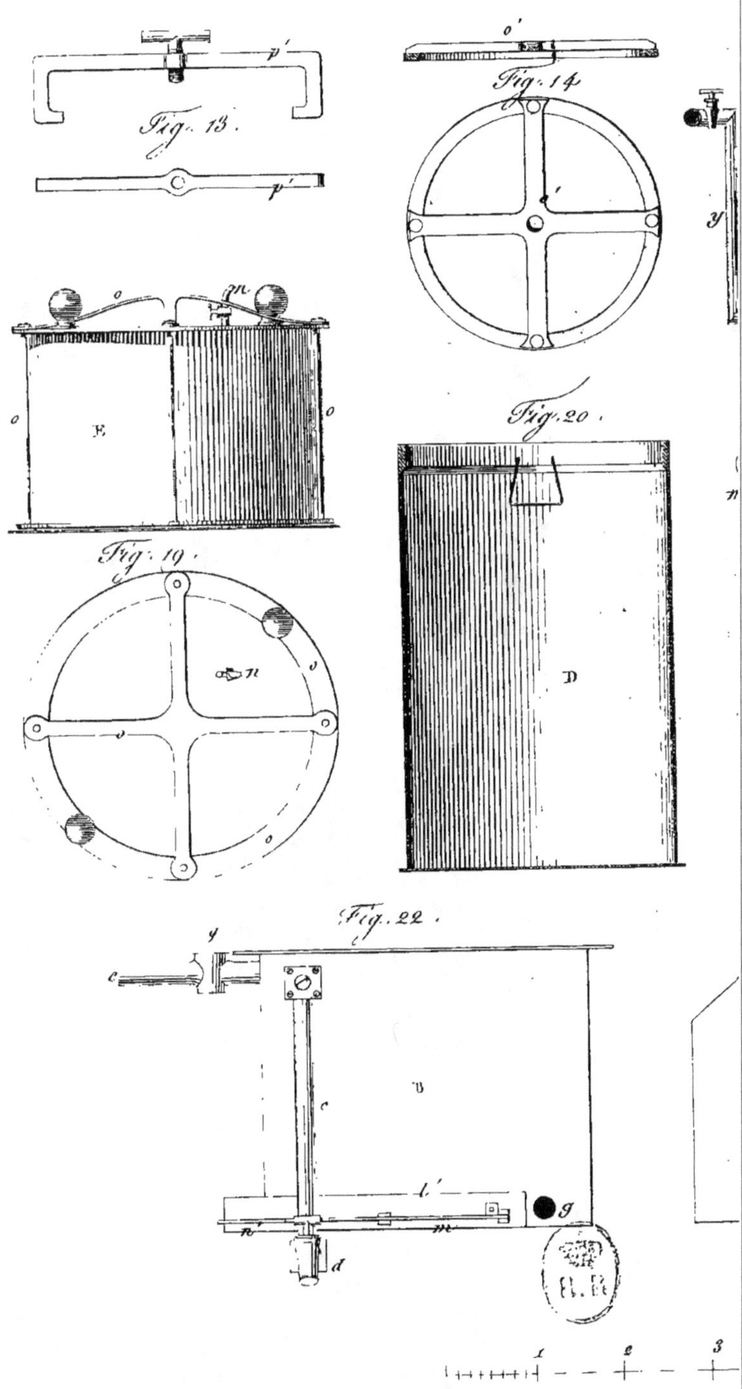

Détails de l'app[areil]
des substan[ces]

t pour extraire la gélatine des os, et pour préparer
alimentaires, par Mr de Puymaurin.

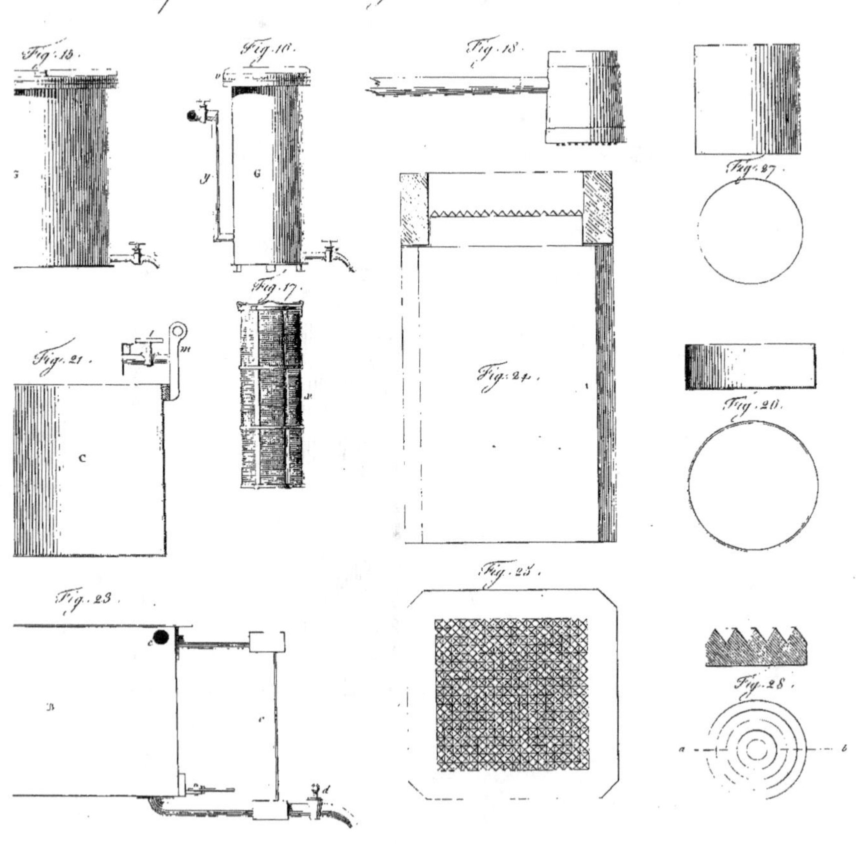